CaO-Al$_2$O$_3$-TiO$_2$系合成耐火材料

罗旭东　张　玲　张国栋　张　欢　著

U0323175

北　京

冶金工业出版社

2022

内 容 提 要

本书在研究 $CaO-Al_2O_3$、$Al_2O_3-TiO_2$、$CaO-TiO_2$ 等二元体系材料的基础上，提出了以氧化钙、工业氧化铝、二氧化钛、铁合金厂铝钛渣等为原料制备六铝酸钙、钛酸铝、钛酸钙及其复合材料等耐火材料的方法，通过固相反应烧结合成法制备 $CaO-Al_2O_3-TiO_2$ 系耐火材料。同时，研究了多种异类氧化物及固相反应烧结温度对合成 $CaO-Al_2O_3-TiO_2$ 系材料组成、结构及性能的影响，尤其是利用相对结晶度的方法间接分析了合成耐火材料在高温固相反应烧结过程中液相性质的问题。本书还提出了利用工业废弃物合成该类系列耐火材料的研究方法及理论体系。

本书可供从事耐火材料科研、设计、生产和应用的工程技术人员阅读，也可供高等院校相关专业师生参考。

图书在版编目 (CIP) 数据

$CaO-Al_2O_3-TiO_2$ 系合成耐火材料／罗旭东等著 . —北京：冶金工业出版社，2019.1（2022.6 重印）

ISBN 978-7-5024-7982-4

Ⅰ.①C… Ⅱ.①罗… Ⅲ.①碱性耐火材料—研究 Ⅳ.①TQ175.71

中国版本图书馆 CIP 数据核字（2018）第 287417 号

$CaO-Al_2O_3-TiO_2$ 系合成耐火材料

出版发行	冶金工业出版社	电　话	(010)64027926
地　址	北京市东城区嵩祝院北巷 39 号	邮　编	100009
网　址	www.mip1953.com	电子信箱	service@ mip1953.com

责任编辑　杜婷婷　美术编辑　郑小利　彭子赫　版式设计　孙跃红
责任校对　郭惠兰　责任印制　禹　蕊
北京建宏印刷有限公司印刷
2019 年 1 月第 1 版，2022 年 6 月第 2 次印刷
710mm×1000mm　1/16；12 印张；234 千字；184 页
定价 58.00 元

投稿电话　(010)64027932　投稿信箱　tougao@cnmip.com.cn
营销中心电话　(010)64044283
冶金工业出版社天猫旗舰店　yjgycbs.tmall.com
（本书如有印装质量问题，本社营销中心负责退换）

前　言

　　CaO-Al$_2$O$_3$-TiO$_2$合成耐火材料是以六铝酸钙、钛酸铝、钛酸钙为主晶相及其耐火材料基体中形成与主晶相相关的第二相的一类复相耐火材料，这种耐火材料具有耐高温、体积稳定性好、耐金属和碱性渣侵蚀性等优点，广泛应用于钢铁、水泥、有色等工业领域。CaO-Al$_2$O$_3$-TiO$_2$合成耐火材料原料、制备工艺等对制品组成、结构和性能具有重要影响，对于不同工艺制备CaO-Al$_2$O$_3$-TiO$_2$复相耐火材料，构建原料、工艺与制品组成、结构及性能的关系，进一步发展和完善CaO-Al$_2$O$_3$-TiO$_2$合成耐火材料体系，指导CaO-Al$_2$O$_3$-TiO$_2$合成耐火材料生产具有重要作用。

　　本书是作者在深入调研CaO-Al$_2$O$_3$-TiO$_2$合成耐火材料制备与性能的基础上开展的基础性研究工作总结，针对CaO-Al$_2$O$_3$-TiO$_2$合成耐火材料的原料组成、典型形貌及制品性质进行分析和讨论，通过对本课题组多年来的研究成果进行归纳，系统全面地对CaO-Al$_2$O$_3$-TiO$_2$合成耐火材料原料及制品的基础知识、制备工艺及影响因素进行了论述，探索了新的研究方法。

　　本书内容按绪论、CaO-Al$_2$O$_3$合成耐火材料、Al$_2$O$_3$-TiO$_2$合成耐火材料、CaO-TiO$_2$合成耐火材料以及CaO-Al$_2$O$_3$-TiO$_2$合成复相耐火材料的组成、结构及性质几个方面进行编写。绪论部分包括CaO-Al$_2$O$_3$-TiO$_2$合成耐火材料的研究现状、固相反应烧结以及影响因素。CaO-Al$_2$O$_3$合成耐火材料部分重点介绍添加剂对合成耐火材料组成、结构及性能的影响。Al$_2$O$_3$-TiO$_2$合成耐火材料部分重点介绍烧结温度和添加剂对合成耐火材料组成、结构及性能的影响。CaO-TiO$_2$合成耐火材料部分重点介绍富钙钛酸钙、富钛钛酸钙耐火材料烧结温度及典型氧化物及复合氧化物对合成耐火材料组成、结构及性能的影响。

本书主要是以辽宁科技大学高温材料与镁资源工程学院冶金新技术用耐火材料课题组多年来对 $CaO-Al_2O_3-TiO_2$ 合成耐火材料的研究与开发成果为基础编写的，在此感谢辽宁省非金属矿工业协会张国栋教授对本书的审阅。在本书的编写过程中得到了鞍山市量子炉材有限公司杜文飞工程师、辽宁科技大学于忞、安迪、刘鹏程、侯庆冬、陈娜、杨盂盂、彭子钧等研究生的大力支持，在此表示衷心的感谢。本书的编写还得到了辽宁省镁质材料工程研究中心栾舰老师、关岩老师、游杰刚老师的无私帮助；在具体试验过程中得到了辽宁省镁质材料工程研究中心李婷老师、郑玉老师、王春艳老师的热心帮助，在此深表感谢。

本书内容涉及的主要研究工作是在国家自然科学基金（编号：51772139）及辽宁科技大学"青年拔尖人才奖励计划"项目资助下完成的。该书在撰写期间得到了清华大学新型陶瓷与精细工艺国家重点实验室谢志鹏教授、江苏中磊节能科技发展有限公司徐广平董事长、鞍山市量子炉材有限公司姚华柏总经理、锦州集信耐火材料有限公司朱逾倩的指导及辽宁科技大学高温材料与镁资源工程学院和辽宁省镁质材料工程技术研究中心同事们提供的多方面帮助和支持，在此一并表示衷心感谢。

由于作者水平所限，书中不足之处，敬请读者不吝赐教。

作 者
2018 年 9 月 9 日

目 录

1 绪 论

钢铁冶金行业的发展已经经历了悠久的历史，是我国国民经济的支柱型产业。行业的发展自然离不开技术的改良与创新，作为支柱产业的钢铁技术有色冶金的发展也将决定一个国家的钢结构研发水平的高低，而炼钢、炼铁高温作业工艺与耐火材料息息相关，耐火材料使用量的 70% 主要用来服务于钢铁有色工业，是冶金工艺等不可或缺的基本辅助材料之一，而耐火材料在使用过程中在高温（1000~1800℃）下发生物理、化学、机械等作用，容易熔融软化，或被熔融腐蚀，或者发生崩裂、损坏等现象，使操作中断，而且污染物料。加之近几十年来，冶金工业的迅速发展，产品质量也随之提高，这样一来，对冶金用耐火材料也相应提出了更高的要求标准，一方面对金属污染程度尽可能小，另一方面还要提高炉衬的使用寿命，这就说明了传统耐火材料的转型与开发是必要的。因此，尝试研究新的相关资源开发及耐火材料性能并将其纳入耐火材料中来是一个可以探索的题目，既解决资源有限的难题，又符合现今对材料升级改造以满足需求的创新战略，相信这将成为维持耐火材料行业长期有效发展的途径之一，是解决目前冶金过程中疑难的一种行之有效的措施。

1.1 $CaO-Al_2O_3-TiO_2$ 合成耐火材料现状

1.1.1 $CaO-Al_2O_3$ 合成耐火材料的研究现状

由于对 CA_6 基本性质缺乏了解，国内还未曾对 CA_6 的应用进行过研究，有关六铝酸钙（CA_6）隔热材料的研究还是一片空白。

国外有关 CA_6 多孔材料的合成研究报道也很少，仅见乌克兰学者 Vladimir 在 2002 年第二届耐火材料国际研讨会上报道了在传统陶瓷制备工艺基础上通过分散可燃造孔剂制备孔径达微米级的超低热导率 CA_6 隔热材料。制备出的 CA_6 多孔材料的体积密度为 $1.2~1.3g/cm^3$，晶粒尺寸在 $4~8\mu m$，气孔孔径集中在 $1~5\mu m$；材料中 CA_6 晶体有两种形貌，结晶良好的六方片状晶粒尺寸在 $1~3\mu m$，六方片状晶体沿基面结合生成致密物质，在气孔和靠近气孔的地方形成拉长的棱柱状晶体。在 1450℃下，不能完全生成 CA_6，存在铝酸钙中间相和未反应的 α-Al_2O_3；在 1580℃下，主要生成 CA_6，温度升高到 1650℃和 1720℃时，主要相没有变化，仅仅 CA_6 衍峰强度增加。Vladimir 采用该工艺制备出的 CA_6 多孔材料的冷态耐压强度为 5.5~7MPa，热导率为 0.32~0.34W/m·K(T average=650℃)。

美国 Alcoa 公司利用烧结的方法生产出了一种高纯微孔六铝酸钙轻质原料 SLA-92 和一种新型致密六铝酸钙耐火材料骨料 Bonite。SLA-92 材料的化学组成接近 CA_6 的理论组成，开口气孔率接近 80%，体积密度为 0.75g/cm³，SLA-92 材料的主晶相是 CA_6，次晶相为 α-Al_2O_3 和 CA_2。SLA-92 超轻质骨料的显气孔孔径主要集中在 1~6μm，CA_6 晶体呈片状，未见等轴晶体。大部分片状晶体的厚度小于 100nm，径向尺寸小于 5μm，片状晶体之间以点接触为主，这种晶体结构类似于陶瓷纤维的显微结构，因此其热导率极低。

1.1.2　Al_2O_3-TiO_2 合成耐火材料的研究现状

随着现代工业的快速发展，对具有优良的耐高温和抗热震性陶瓷材料的需求越来越迫切，铁酸铝材料集低热膨胀系数和高熔点于一体，是目前低膨胀材料中耐高温性能最好的一种。但由于两方面的原因使钛酸铝陶瓷未能得到广泛应用：

1）钛酸铝膨胀的各向异性造成材料内部出现大量的微裂纹，使其强度降低。

2）在 800~1300℃ 的温度范围内，钛酸铝易分解成氧化铝和二氧化钛，造成材料内部应力集中，使材料的热膨胀率升高。尽管如此，材料工作者正努力通过各种方法和手段对其性能进行改善，不断扩展它的应用领域。国内外关于钛酸铝材料应用于内燃机排气管等隔热部件制备的研究在 20 世纪 70 年代就已经开始。

目前国内对钛酸铝陶瓷制备低压铸铝、铸铜用升液管进行了大量研究，但由于铜、铝等有色合金的熔体温度多位于 800~1300℃ 之间，导致钛酸铝制品的破坏，限制了其在有色冶金行业的开发应用。值得庆幸的是，人们在研究中发现引入 Fe_2O_3、MgO 等相应的添加剂与 Al_2TiO_5 形成 Al_2TiO_5+Fe_2TiO_5 或 Al_2TiO_5+Mg-Ti_2O_5。异质同构固熔体，可以有效地抑制分解，增加钛酸铝热稳定性，这为钛酸铝陶瓷作为抗热震、耐有色金属熔体侵蚀的热阻材料应用于冶金行业提供了可能。如何解决钛酸铝在还原气氛下的分解，并弄清其分解机理，制备稳定的钛酸铝陶瓷是该材料实现产业化应用的关键。

国外对钛酸铝材料进行了较广泛的研究，尤其是在日本研究的较多，并已用于制造发动机用排气管、排气道、涡壳等。将钛酸铝材料用于制备耐高温烧嘴喷管也正在研制开发。又由于钛酸铝陶瓷材料还具有与铜、铝等有色金属熔体不润湿的特性，被作为隔热、抗热震材料应用于有色冶金铸造行业，如用于制造有色金属熔体熔包内腔的耐火材料、低压铸铝、铸铜机上的喂料升液管等。

1.1.3　CaO-TiO_2 合成耐火材料的研究现状

钛酸钙是一种典型的半导体材料，能够吸纳紫外可见光，在光催化作用上拥有很好的表现。郑伟等采用水热合成法，以柠檬酸钠络合剂，制作出了纳米尺寸的钛酸钙粉体，并与未使用柠檬酸水热法获得的钛酸钙的紫外光催化性能进行对比。研究发现，使用柠檬酸浓度为 0.008mol/L 合成的钛酸钙的光催化反应效率最高，降解速度是未使用柠檬酸的 4 倍。另有研究发现，采用固相反应法 1400℃下煅烧保温 2h 制得的钛酸钙粉体，光照时间的延长与亚甲基蓝降解物的降解率呈现出反比，还发现钛酸钙作催化剂可以使低浓度的亚甲基蓝溶解显著。这些研究对利用钛酸钙光催化性处理污水和回收重金属问题提供了理论数据基础。

目前，钛酸钙应用到耐火材料中有两种形式：一种是将二氧化钛添加剂加入含有氧化钙的耐火材料中，在高温使用条件下，二氧化钛和氧化钙发生化学反应生成钛酸钙，对耐火材料的某些性能产生一定的影响；另一种是直接将电熔钛酸钙以添加剂加入耐火材料中。陈树江等用镁钙砂和镁砂作骨料，纯度高的镁砂粉作细粉，结合剂用硅灰，研究了添加钛氧化物使 MgO-CaO 浇注料性能产生的影响，研究发现，高温条件下钛氧化物与骨料中的自由氧化钙反应形成体积密度大的钛酸钙，使 MgO-CaO 浇注料结构致密，体积密度增大，且当钛氧化物添加量为 2%~4% 时效果最好。朱新伟等以刚玉和尖晶石为主要原料，电熔钛酸钙细粉（45μm）为添加剂，研究了向刚玉—尖晶石无铬浇注料中添加 0~10% 钛酸钙的影响，研究发现，钛酸钙添加量为 4% 时能显著增加浇注料的强度、耐磨性、抗剥落性、抵抗高碱度渣侵性，因此提高了不含铬的刚玉—尖晶石浇注料的使用寿命。

1.2 CaO-Al₂O₃-TiO₂ 系耐火材料固相反应烧结影响因素

烧结是指坯体在一定的高温条件下，内部通过一系列的物理化学过程，使材料获得一定密度、显微结构、强度和其他性能的一个过程。烧结是材料制备过程中最重要的一个环节。烧结过程一般包括三个阶段，即烧结初期、烧结中期和烧结后期。根据 Coble 的定义，烧结初期，颗粒黏结，颗粒间接触点通过成核、结晶长大等过程形成烧结颈。在这个阶段，颗粒内的晶粒不发生变化，颗粒的外形基本保持不变，整个烧结体没有收缩，密度增加极小。烧结初期对致密化的贡献很小。烧结中期烧结颈长大，原子向颗粒结合面迁移使烧结颈扩大，颗粒间间距缩短，形成连续的孔隙网络。随着颗粒长大，晶界和孔隙的移动或越过孔隙使之残留于晶粒内部。该阶段烧结体的密度和强度增加。烧结后期孔隙球化或缩小，烧结体密度达到理论密度的 90%。此时，大多数孔隙被分割，晶界上的物质继续上气孔扩散填充，致密度化继续进行，晶粒也继续长大。这个阶段烧结体主要通过小孔隙的消失和孔隙数量的减少来实现收缩，收缩比较缓慢。高度分散的粉末颗粒具有很大的表面能，烧结后则由结晶代替。表面的自由熔大于晶界自由熔就成为烧结的驱动力。在这样的驱动力下必然伴随物质的迁移。但是同样的表面张力下，物质的迁移却各不相同。

无机材料的固相烧结主要通过扩散传质和液相传质两种传质方式。粉末坯体在高温烧结时会出现热缺陷，颗粒各个部位的缺陷浓度有一定差异。颗粒表面或颗粒界面上的原子和离子排列不规则，活性较强，导致表面与界面上的空位浓度较晶粒内部大。而颗粒相互接触的颈部，可以看作是空位的发源地。因此，在颈部、晶界、表面及晶粒内部之间存在空位浓度梯度。空位浓度梯度的存在使结构基元定向迁移。一般结构基元由晶粒内部通过表面和晶界向颈部迁移，而空位则进行反方向迁移。扩散传质从传质模型上分析，主要包括表面物质的表面扩散和晶格扩散、晶界物质的晶界扩散和晶格扩散以及位错位置的晶格扩散。基于扩散传质分析，扩散传质的推动力就是由于表面张力的不均匀分布。

液相传质是无机材料的固相反应烧结过程中不可避免要出现的。在具有活泼液相的烧结系统中，液相所起到的作用不仅仅是利用表面张力将两个固相颗粒拉近和拉紧，而且在烧结过程中固相在液相中的溶解和及在液相中析出过程具有意义。液相传质过程中的"溶解—沉淀"的必要条件是有一定数量的液相，同时固相在液相中显著的溶解度，液相能够润湿固相。烧结的致密化驱动力来自于固相颗粒间液相的毛细管压力。液相烧结过程中在毛细管压力的推动下，颗粒相对移动和重排；颗粒间的接触点具有较高的局部应力，导致塑性变形和蠕变，促使颗粒进一步重排；颗粒间存在的液相使颗粒互相压紧，提高了固相在液相中的溶解度，较小的颗粒溶解，而在较大的颗粒上沉淀。在晶粒长大和形变的过程中，颗粒也不断地进行重排，颗粒中心互相靠近而产生收缩。

从以上传质机理分析看来，对于无机材料合成，尤其是耐火原料合成过程中基本都包含以上传质过程。当烧结处于较低温度时，发生了没有液相参与的扩散传质。而烧结达到一定温度后，由于杂质及添加剂的加入使固相颗粒的晶界处出现部分液相削弱了扩散传质的程度。传质方式有扩散传质逐渐演变成了液相传质，以溶解—沉淀传质为主。

1.2.1　反应物化学组成与结构的影响

反应物化学组成与结构是影响固相反应的内因，是决定反应方向和反应速率的重要因素。从热力学角度看，在一定温度、压力条件下，反应可能进行的方向是自由能减少（$\Delta G<0$）的方向，而且 ΔG 的负值越大，反应的热力学推动力也越大。从结构的观点看，反应物的结构状态质点间的化学键性质以及各种缺陷的多寡都将对反应速率产生影响。

1.2.2　反应物颗粒尺寸及分布的影响

反应物颗粒尺寸对反应速率的影响，首先在杨德尔、金斯特林格动力学方程式中明显地得到反映。反映速率常数 K 值反比于颗粒半径平方。因此，在其他条件不变的情况下，反应速率受到颗粒尺寸大小的强烈影响。颗粒尺寸大小对反应速率影响的另一方面是通过改变反应截面、扩散截面以及改变颗粒表面结构等效应来完成的，颗粒尺寸越小，反应体现比表面积越大，反应界面和扩散截面也相应增加，因此反应速率增大，强键分布曲线变平，弱键比例增加，故而使反应和扩散能力增强。

1.2.3 烧结温度和保温时间的影响

无机材料合成过程多是固相反应过程，随着温度的升高，晶体内部产生热缺陷，其浓度不断增加，使得粒子的扩散速度和固相反应速度不断加快。因此，温度越高越有利于材料的合成反应。

由式（1.1）可以得到：温度升高，$\exp(-Q/RT)$ 值变大，扩散速度系数随之增大，即粒子扩散速度加快，反应速度也相应增加。由式（1.2）可以得到：温度升高，$\exp(-G_R/RT)$ 值增大，反应速度常数也变大，则反应速度加快。

$$D = D_0 \exp(-Q/RT) \tag{1.1}$$

式中 D——扩散速度系数；

D_0——扩散常数；

Q——单个原子的扩散激活能；

R——波尔兹曼常数；

T——绝对温度。

$$K = A \exp(-G_R/RT) \tag{1.2}$$

式中 K——反应速度常数；

A——特征常数；

G_R——反应自由能；

R——波尔兹曼常数；

T——绝对温度。

在合适的烧成温度下延长保温时间，有利于晶体发育，保温时间的长短与晶粒的大小有关。一般而言，一定范围内保温时间越长，晶粒发育越完善。也可以通过加入添加剂来提高固相反应离子的扩散速度，其中最重要的方式就是加入添加剂在合成物中形成结构缺陷来提高固相反应的速度。同时在合成物结构中形成一定程度的液相来加快离子交换的速度。可以看出影响此类固相反应速度的主要原因应包括：反应物固相的表面积和反应物间的接触面积；生成物结构中缺陷数量；结构中液相数量；物相间反应物离子扩散速率。

1.2.4 矿化剂及其他影响因素

在固相反应体系中加入少量非反应物质或由于某些可能存在于原料中的杂

质，则常会对反应产生特殊的作用，这些物质常被称为矿化剂，它们在反应过程中不与反应物或反应产物起化学反应，但它们以不同的方式和程度影响着反应的某些环节。实验表明，矿化剂可以产生影响晶核的生成速率、影响结晶速率及晶格结构、降低体系共熔点及改善液相性质等作用。关于矿化剂的一般矿化机理则是复杂多样的，可因反应体系的不同而完全不同，但可以认为矿化剂总是以某种方式参与到固相反应过程中去。

1.3　CaO-Al$_2$O$_3$-TiO$_2$系合成耐火材料发展趋势

CaO-Al$_2$O$_3$-TiO$_2$系合成耐火材料总的趋势是形成复相结构来抑制不利因素，发挥主晶相、次晶相的各自优势，通过合成工艺制备高性能高品质制品。如武汉科技大学李胜等人以攀钢提钛尾渣和工业氧化铝为原料，采用浇注成型制备出六铝酸钙—镁铝尖晶石多孔材料。结果表明，随烧成温度的升高和尾渣加入量的增大，材料体积密度和耐压强度逐渐增大；1550℃烧后材料中六铝酸钙的相对生成量最大；当提钛尾渣与工业氧化铝的质量比为 30∶70 时，1500℃烧后材料中主晶相为六铝酸钙和镁铝尖晶石；其质量比为 35∶65 时，除了六铝酸钙和镁铝尖晶石外还残留有少量的二铝酸钙；镁铝尖晶石弥散分布在六铝酸钙中，六铝酸钙晶体呈较厚的板片状材料的孔径主要集中在 1~3μm，平均孔径和体积中位径分别为 1.75μm 和 1.39μm。中国地质大学刘艳改等人研究了六铝酸钙/镁铝尖晶石复相材料的制备及性能。该研究以白云石和工业 γ-Al$_2$O$_3$ 为原料，在不同烧结温度下制备了六铝酸钙/镁铝尖晶石复相材料。结果表明，当 Al$_2$O$_3$ 加入量为90.32%时，经 1500℃、1550℃、1600℃和1650℃烧后制备了无杂相的六铝酸钙/尖晶石复相材料。随烧结温度提高，复相材料的体积密度和抗折强度先下降后提高，而显气孔率总是呈下降趋势。当烧结温度为 1650℃时，所制备的复相材料的体积密度、显气孔率和弯曲强度分别为 2.7g/cm^3、48.78%和 54.3MPa。西班牙B. A. Vázquez 等人研究了以硅酸钙腐蚀刚玉和六铝酸钙的腐蚀机制。该研究采用高温显微镜观察以两种硅酸二钙渣混合 CaF$_2$ 对 Al$_2$O$_3$ 和 CaAl$_{12}$O$_{19}$陶瓷进行腐蚀分析，试验温度为1600℃，通过腐蚀后的试样来研究其腐蚀机制。腐蚀过程的不同阶段，相组成是由光学显微镜、SEM 和能谱分析来完成的。结果表明：熔渣对致密 Al$_2$O$_3$ 基质的侵蚀是由于扩散过程控制，产生了连续的铝酸钙层；根据 Al-Ca-Si、Al-Ca-Si-Mg、Al-Ca-Si-CaF$_2$ 的热力学计算，在烧结过程中，在反应中间相之间存在液相。

西班牙 A. J. Saânchez-Herencia 研究了六铝酸钙的断裂行为。通过将高纯粉体溶于液态当中（胶质过程）后经 1500℃、1550℃、1600℃煅烧得到 Al$_2$O$_3$-CaAl$_{12}$O$_{19}$（其中 Al$_2$O$_3$ 体积分数为 90%，CaAl$_{12}$O$_{19}$体积分数为 10%）。六铝酸钙是由氧化铝和碳酸钙粉末在高温下反应生成的。研究了氧化铝和六铝酸钙最佳的分散条件。材料的显微结构是通过扫描电镜检测的。结果表明，微小的 CA_6 颗粒高度分散在氧化铝基质中。氧化铝的晶粒尺寸和形状取决于烧成温度，而六铝酸钙的晶粒尺寸则保持不变。复合材料的断裂行为通过维氏硬度压痕机和光学电镜来检测。对于具有相同尺寸的单相氧化铝而言，向复合材料施加高负载而没有额外的横向裂纹。复合材料的断裂韧性取决于显微结构，其中两组实验值大于氧化铝材料。实验结论是依据热膨胀各向异性产生的晶粒间的残余热应力来讨论的。澳大利亚 D. Asmi 研究了层状的梯度 Al_2O_3/CA_6 复合材料的特性，讨论了一种新颖的制备层状梯度润滑耐磨梯度材料（LGM）、$Al_2O_3/CaAl_{12}O_{19}$（CA_6）的方法。这个过程是以预形成的多孔氧化铝和水合乙酸钙生成一层均匀的 Al_2O_3 涂层和一层不均匀的 CA_6/Al_2O_3 的梯度层。物相的浓度梯度是由 XRD 衍射来检测的，结果表明 CA_6 的含量随着试样的深度而减少，CA、CA_2 和 CA_6 的合成温度分别为 1000℃、1200℃和1350℃。CA_6 的生成阻碍了材料的致密化，还导致了材料硬度和弯曲模量的降低。从 SEM 图像可以看到有片状的 CA_6 晶粒和具有梯度的显微结构在 LGM 中出现。该课题还研究了采用切线入射同步加速器辐射衍射（GISRD）方法对梯度 CA_6 复合材料进行深度剖析。

法国格林研究中心 Marie-Helene Berger 研究了 Al_2O_3-Al_2TiO_5 的定向凝固系统，设计了定向凝固的 Al_2O_3-Al_2TiO_5 低共熔系统，这种原位生成的复合材料表现出了极优的强度和韧性。日本岐阜县陶瓷研究所 Tadashi Shimada 研究了热膨胀率低和高强度的 Al_2TiO_5-t-ZrO_2 复合材料。钛酸铝与3%（摩尔分数）氧化钇稳定氧化锆合成的复合材料热膨胀系数可以达到 $2×10^{-6}$，强度可以达到 100MPa。研究发现钛酸锆的形成降低试样的强度，造成部分稳定氧化锆的不稳定。印度科研人员 M. Jayasankar 研究了溶胶凝胶法低温烧结氧化铝与二氧化钛合成复合钛酸铝，文章报道了溶胶凝胶核壳法合成钛酸铝复合材料。研究发现降低反应温度有利于增大反应物（经核壳法使反应物内包含纳米颗粒）的接触面。在相同条件下，对比钛酸铝的形成机理与氧化物的混合机制，烧结 Al_2O_3-Al_2TiO_5 复合材料的平均粒径为 2μm。印度科研人员 S. Ananthakumar 研究了溶胶—凝胶法衍生的钛酸铝—莫来石复合材料的微观结构和高温变形特性，研究采用溶胶—凝胶法制备不同成分的钛酸铝—莫来石复合材料。研究莫来石对钛酸铝—莫来石复合材料的微观结构和蠕变性的影响，向试样中依次添加不同体积分数（0~100%）的莫来石。莫来石体积分数为 80% 的钛酸铝试样经1600℃烧结成超细颗粒，平均粒度为 2.5μm。分析不同钛酸铝—莫来石复合材料的稳态蠕变性得出，蠕变性和应力指数决定其活化能。溶胶—凝胶法衍生的不同钛酸铝—莫来石复合材料的活化能为 655~874kJ/mol，应力指数为 1.5~1.9。

2 CaO-Al₂O₃合成耐火材料

2.1 CaO-Al₂O₃系耐火材料

随着社会的进步和工业的快速发展，能源问题已经成为 21 世纪人们最为关注的内容之一，能源的短缺制约了经济的发展和生活水平的提高，六铝酸钙正是在这种前提下走入了人们的视线中。

对 CA_6 的研究可以追溯到 20 世纪初对 CaO-Al₂O₃ 和 CaO-Al₂O₃-SiO₂ 两个系统相图的研究。CaO-Al₂O₃ 和 CaO-Al₂O₃-SiO₂ 两系统的相平衡关系早在 1909 年和 1915 年便被研究过，只是没有提到 CA_6 这个化合物。直到 1949 年才由 H. E. Фиолненко 和 H. B. Лавлов 确定它在 CaO-MgO-Al₂O₃-SiO₂ 系中的稳定区。1957 年，R. C. DeVries 和 E. F. Osborn 在研究四元系高铝相区的相平衡时，证实了 CA_6 的存在。

我国学者高振昕于 1956 年在烧结矾土的钙质溶洞中就发现结晶异常完好的 CA_6，并做了化学分析和显微结构观察，在 20 世纪 70 年代末补做了 X 射线分析和扫描电镜形貌分析。高振昕用不同的分析手段有效地鉴别了刚玉和 CA_6，为 CA_6 的深入研究奠定了基础。

六铝酸钙作为一种新型环保、隔热性能优良的保温隔热材料已经引起了国内外研究人员的高度重视，它与传统的耐火材料相比有着诸多的优异的耐火性能：

1）在碱环境中有足够的抗化学侵蚀能力；
2）在还原气氛中高度稳定，抗热冲击性能高；
3）自身导热系数低，膨胀系数接近氧化铝；
4）在几种多元系统中有较低的溶解性等。

由此可见，六铝酸钙因其特有的晶体结构和性质，使其作为新型的耐火材料得到重视，在高温行业中具有广泛的应用前景。

2.1.1 CaO-Al₂O₃系二元系统相图

六铝酸钙（$CaAl_{12}O_{19}$，简写为 CA_6，矿物名称：黑铝钙石）是 CaO-Al₂O₃ 系中 Al₂O₃ 含量最高的铝酸钙相，其理论密度为 $3.38g/cm^3$，熔点高达 1875℃，热膨胀系数为 $8.0×10^{-6}℃^{-1}$，与 Al_2O_3（$8.6×10^{-6}℃^{-1}$）非常接近，这说明在两种材料之间的膨胀失配可能性低，两种材料可以按照技术以任何比例配合使用。从矿物的胶凝性来看，六铝酸钙是一种具有较强抗水化能力的铝钙系耐高温化合物，基本无水化活性，是目前备受关注的一种耐火材料。

图 2.1 所示为 CaO-Al₂O₃ 系相图，CaO-Al₂O₃ 系统有 5 个化合物，它们是 C_3A、$C_{12}A_7$、CA、CA_2 和 CA_6。其中 C_3A 和 CA_6 为不一致熔化合物，其余为一致熔化合物。但有资料介绍，$C_{12}A_7$ 在通常湿度的空气中为一致熔化合物，若在完全干燥的气氛中发现 C_3A 与 CA 在 1360℃ 形成低共熔物，组成（质量分数）为 50.65% Al_2O_3、49.35% CaO。故此时一致熔化合物 $C_{12}A_7$ 在状态图中便没有它的稳定相区。如图 2.2 所示，相图中所有化合物几乎都为硅酸盐水泥和铝酸盐水泥中的重要物相。

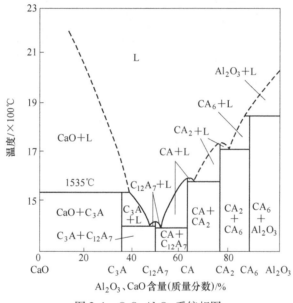

图 2.1 CaO-Al₂O₃ 系统相图

铝酸三钙（C_3A）是铝酸盐水泥中的重要矿物，在白云石耐火材料中也可能见到，它在加热到 1535℃ 时分解为 CaO 和液相。C_3A 与水反应强烈，当铝酸盐水泥中 C_3A 多时，水泥就会硬化过快。

铝酸一钙（CA）是高铝水泥、铝-60 水泥和氧化铝水泥的主要矿物成分。一般呈无色柱状或长条片状晶体，属于单斜晶系，密度 2.98g/cm³，硬度 6.5，熔点 1600℃。遇水后将发生水化反应而硬化。但水化温度不同，水化产物有差别，如图 2.3 所示

水化产物中，CAH_{10}（CA·$10H_2O$）称为水化一铝酸钙，针状或板状结晶，强度高，C_2AH_8（CA·$8H_2O$）称为水化二铝酸钙，结晶状态与水化一铝酸钙类同，C_3AH_6（C_3A·$6H_2O$）称为水化铝酸三钙，结晶呈偏三八面体或立方体，结

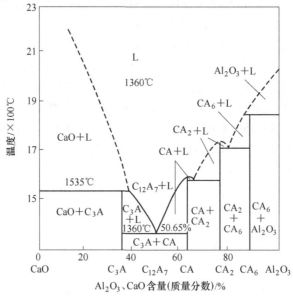

图 2.2   干燥气氛中 $C_{12}A_7$ 无稳定相区

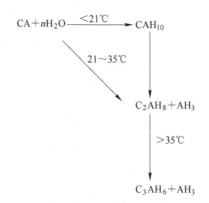

图 2.3   铝酸钙水化机理图

晶体强度偏低，$AH_3(Al_2O_3 \cdot 3H_2O)$ 称为铝胶，颗粒状。

二铝酸一钙（CA_2）是铝-70 水泥的主要矿物成分，也是铝-60 水泥、氧化铝水泥和高铝水泥的矿物组成之一，它呈柱状或针状无色晶体，属四方晶系，密度 $2.91g/cm^3$，熔点 1750℃，CA_2 与 CA 相比，其熔点高，水化速度较慢，早期强度低，后期强度高。遇水水化反应与 CA 类似，只是水化产物中，铝胶 AH_3 较多。

七铝酸十二钙（$C_{12}A_7$）是铝酸盐水泥中的一种次要矿物成分，属立方晶系，圆粒状或八面体结晶，密度 $2.69g/cm^3$，熔点 1415℃。$C_{12}A_7$ 遇水具有速凝特性，在水泥中含量不宜太多。在电熔氧化铝水泥中，往往含有一定量的 C$_{12}$A$_7$，因此凝结速度快，需加缓凝剂后使用。

六铝酸一钙（CA$_6$），存在于铝酸盐水泥中，一般为六方板状晶体，在1850℃不一致熔，形成刚玉和液相。CA$_6$ 的水硬性很弱，几乎无胶凝性。

各种铝酸钙矿物的化学组成和熔点列于表 2.1，一般来说，在铝酸钙矿物中随着 Al$_2$O$_3$ 含量的增加，熔点升高，但胶凝性质下降。

表 2.1　铝酸钙矿物的化学组成和熔点

名称	化学简式	化学组成（质量分数）/%		熔点/℃
		Al$_2$O$_3$	CaO	
铝酸三钙	C$_3$A	37.8	62.2	1535 分解
七铝酸十二钙	C$_{12}$A$_7$	52.2	47.8	1415
铝酸一钙	CA	64.6	35.4	1600
二铝酸钙	CA$_2$	78.4	21.6	1750
六铝酸钙	CA$_6$	91.6	8.4	1850 分解

CaO-Al$_2$O$_3$ 系统相图中，除提供各种铝酸盐胶凝物的组成和性能之外，还有一个重要方面就是它的两个端元。对于 CaO 少许吸收 Al$_2$O$_3$ 形成 C$_3$A 低熔点化合物，系统出现液相温度从 2570℃降至 1535℃。降了 1035℃，可见 Al$_2$O$_3$ 对 CaO 是一个强熔剂，所以在以 CaO 为主要成分的石灰质、白云石质耐火材料中，视 Al$_2$O$_3$ 为有害杂质，要特别加以限制。反之，Al$_2$O$_3$ 吸收 CaO，形成高熔点化合物 CA$_6$（1850℃分解），系统出现液相温度从 2050℃降至 1850℃，只降了 200℃。

2.1.2　CaO-Al$_2$O$_3$ 系耐火材料合成热力学

六铝酸钙材料合成反应方程式以及有关 CA 、 CA$_2$ 、 CA$_6$ 的热力学分析吉布斯自由能计算公式如下：

$$CaO(S) + Al_2O_3(S) = CaAl_2O_4(S)$$
$$\Delta G^\Theta = -18000 - 18.83T$$
$$CaO(S) + 2Al_2O_3(S) = CaAl_4O_7(S)$$
$$\Delta G^\Theta = -16700 - 25.52T$$
$$CaO(S) + 6Al_2O_3(S) = CaAl_{12}O_{19}(S)$$
$$\Delta G^\Theta = -16380 - 37.58T$$

根据上述公式，从 1100~1600℃范围内，相同温度下，3 种物质的吉布斯自由能大小顺序为：0>CA>CA$_2$>CA$_6$，因此，CA$_6$ 的形成满足热力学反应条件和化学组分平衡条件。

图 2.4 所示为氧化铝和氧化钙反应生成二铝酸钙和六铝酸钙的反应吉布斯自

由能（ΔG）与温度关系图。图中可以明显看出，生成六铝酸钙的 ΔG 值明显低于生成二铝酸钙的 ΔG 值，说明在高温条件下，系统中更易于生成六铝酸钙。从图 2.4 中二铝酸钙与刚玉相反应生成六铝酸钙的反应吉布斯自由能（ΔG）随温度升高而减小的变化趋势也说明了提高煅烧温度可以促进过渡相向六铝酸钙相的转变。

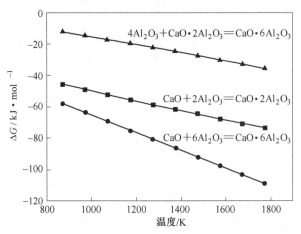

图 2.4　反应吉布斯自由能与温度的关系

2.1.3　CaO-Al$_2$O$_3$ 系耐火材料的合成方法

2.1.3.1　反应烧结法

反应烧结是在烧结过程中原料通过化学反应合成材料，同时将其烧结成成品。反应烧结的特点是坯块在烧结过程中尺寸基本不变，可制得尺寸精确、形状复杂的部件，并且工艺简单、经济，适合于批量生产，但烧结体密度较低，力学性能不高。

李天清等将轻质 CaCO$_3$ 与工业 Al$_2$O$_3$ 按 CA$_6$ 中 CaO 与 Al$_2$O$_3$ 的化学计量比配料，加入不同量的炭黑和适量有机结合剂，混合均匀，成型，通过反应烧结得到了六铝酸钙多孔材料。结果表明，最佳的烧成温度为 1500℃，随着炭黑加入量的增加，CA$_6$ 片状晶体厚度减小，气孔率增加，耐压强度下降。

Domingue 等通过反应烧结 Al$_2$O$_3$ 与 CaCO$_3$ 混合粉末制备了 CA$_6$，并研究了不同工艺对 CA$_6$ 晶粒最终发育形状的影响。他们认为 CaCO$_3$ 与 Al$_2$O$_3$ 反应形成 CA$_6$ 的反应过程如下：

$$CaCO_3 + Al_2O_3 \longrightarrow CaO + Al_2O_3 + CO_2(g)$$
$$CaO + Al_2O_3 \longrightarrow CaO \cdot Al_2O_3$$
$$CaO \cdot Al_2O_3 + Al_2O_3 \longrightarrow CaO \cdot 2Al_2O_3$$

$$CaO \cdot 2Al_2O_3 + 4Al_2O_3 \longrightarrow CaO \cdot 6Al_2O_3$$

研究结果还表明，使用不同的制备方法使试样中粉末获得不同的团聚程度导致不同的气孔率以及 Al_2O_3 与 $CaCO_3$ 颗粒不同的接触面积，从而最终决定 CA_6 材料的显微结构。高的颗粒团聚程度导致高气孔率与低的接触面积，最终形成片状晶体结构；相反，高的分散程度导致低的气孔率和高接触面积，最终形成等轴晶体。

安迈铝业有限公司刘新等人研究了一种新型的合成致密 CA_6 耐火原料的方法。该研究介绍了基于六铝酸钙（CA_6）矿物相的一种新型合成致密耐火骨料——博耐特（Bonite），其体积密度为 3.0g/cm³，是六铝酸钙理论密度的 90%。博耐特浇注料在 1500℃ 时的高温抗折强度为 5MPa 或更高，荷重软化温度为 1580℃。六铝酸钙的高抗热震性在博耐特浇注料试验中也得到了证实。武汉科技大学王长宝等人研究了浇注—烧结法合成六铝酸钙。该方法以工业 Al（OH）₃（或工业 Al_2O_3）和 CA（OH）₂（或轻质 $CaCO_3$）为原料，以 6% 纯铝酸钙水泥为结合剂，按六铝酸钙化学计量比配料，在球磨机中湿混 2h，制成含水量为 60% 的浆料，振动浇注成型，经养护、干燥后，分别在不同温度下保温一定时间后合成六铝酸钙材料。研究表明，用浇注成型的生坯合成 CA_6 的起始温度为 1200℃，大量生成 CA_6 的温度为 1400℃；合成材料中 CA_6 晶粒发育良好，为典型的 CA_6 片状晶；适当延长保温时间有利于 CA_6 片状晶的发育。武汉科技大学李有奇等人研究六铝酸钙材料的合成及其显微结构。该研究采用轻质碳酸钙和活性氧化铝或纯铝酸钙水泥和活性氧化铝为初始原料，反应烧结合成了六铝酸钙材料。研究结果表明经 1300℃ 烧结合成材料的主晶相为刚玉相和 CA_2，并开始有 CA_6 形成；温度升至 1400℃，CA_6 大量生成；1500℃ 时反应完成，产物全部为 CA_6 相。1300~1500℃ 时，试样的体积密度和线收缩率随温度的变化不大；高于 1500℃ 时，试样明显趋向烧结，体积密度升高。线收缩率加大。研究同时发现合成六铝酸钙材料的晶粒形貌与合成工艺有关，制备片状晶粒的六铝酸钙材料需满足两个条件：一是晶核有足够的发育空间，二是从晶核生长形成片状结构需足够的物质扩散。

中国地质大学易帅等人研究了原料种类和合成温度对合成 CA_6 的影响。该研究分别采用工业 Al（OH）₃ 和工业 α-Al_2O_3 作为铝源，CaO 和轻质 $CaCO_3$ 作为钙源，按照理论配比通过高温固相反应合成了六铝酸钙。结果表明以 Al（OH）₃ 和 $CaCO_3$ 为原料，在 1550℃ 保温 3h 合成的六铝酸钙晶粒发育呈片状；以 α-Al_2O_3 和 CaO 为原料，在 1550℃ 保温 3h 合成的六铝酸钙晶粒发育成颗粒状；Al（OH）₃ 和 $CaCO_3$ 在高温下的分解有利于片状六铝酸钙的生长发育。

太原科技大学田玉明等人以镁渣、高岭土、工业氧化铝为原料制备六铝酸钙/钙长石轻质耐火材料。研究发现，1300℃ 时 CA_6 开始形成，1450~1500℃ 是 CA_6 大量生成的温度段，CA/CAS 复相耐火材料的抗水化性能和抗热震性良好。

郑州大学孙小改等人研究添加六铝酸钙颗粒对刚玉/尖晶石浇注料性能的影响。该研究分别用 6～3mm、3～1mm 和 1～0.5mm 的六铝酸钙颗粒替代浇注料中相应粒度的板状刚玉颗粒，研究了其对浇注料强度、致密度、烧后线变化和抗热震性的影响。研究发现颗粒替代板状刚玉颗粒后，试样的常温强度、高温强度、抗热震性及 1550℃烧后线变化均增大，并且其增大幅度基本上随 CA$_6$ 颗粒粒度的减小而增大。用 6～3mm 的 CA$_6$ 颗粒替代板状刚玉颗粒，试样的体积密度减小，显气孔率增大，但随着 CA$_6$ 颗粒粒度从 6～3mm 逐渐减小至 1～0.5mm，试样的体积密度逐渐增大，显气孔率逐渐减小。

2.1.3.2　电熔法

电熔法是将原料完全熔融，然后在一定的条件进行下冷却，从而制得材料。将 CaCO$_3$ 和 Al$_2$O$_3$ 按 CA$_6$ 中 CaO 与 Al$_2$O$_3$ 的化学计量比混合，完全熔融，然后将完全熔融的 CA$_6$ 化合物冷却，刚玉相大约在 1980℃首先结晶，随着进一步的冷却，假设冷却条件能够保证在 1830℃达到相平衡，刚玉相（约占总质量的 45%）就会与残留的液相完全反应生成 CA$_6$。但是，相平衡条件在工业化的熔融条件下很难达到，结果只能是一小部分刚玉与液相反应形成 CA$_6$，剩余的富含 CaO 的液相将在不平衡的条件下结晶形成 CA$_2$、CA，其相组成依赖于冷却过程中的温度梯度，甚至形成 Cl$_2$A$_7$。

李天清等将完全熔融的 Al$_2$O$_3$ 与 CaCO$_3$ 混合粉末在不同的冷却条件下制备了 CA$_6$。研究结果表明，在不同的过冷度下冷却完全熔融的 CA$_6$ 化合物，将得到不同的铝酸钙产物。当 $\Delta T = 50K$ 时，生成 CA$_2$，没有 CA$_6$ 生成；当 $\Delta T = 100K$ 时，有少量的 CA$_6$ 生成，但主要产物仍然是 CA$_2$；当 $\Delta T = 235K$ 时，就开始有大量的 CA$_6$ 生成；当 $\Delta T = 305K$ 时，生成的铝酸钙产物几乎全为 CA$_6$。

电熔法的特点是工艺简单，并且得到的材料密度大，力学性能好，但由于其对冷却条件要求很高，很难实现大规模工业化。

2.1.3.3　熔盐法

熔盐法是将产物的原成分在高温下溶解于熔盐熔体中，然后通过缓慢降温或蒸发熔剂等方法，形成过饱和溶液而析出。Singh 等以 Ca(NO$_3$)$_2$ 与 Al$_2$(SO$_4$)$_3$ 为原料，采用熔盐法合成了 CA$_6$。研究表明，开始生成 CA$_6$ 的温度为 1000℃，最佳生成温度为 1400℃，在 1400℃合成 CA$_6$ 所需的活化能为 40kJ/mol 与低温下延长保温时间相比，温度的升高对增加 CA$_6$ 的生成速率更有效；生成 CA$_6$ 的快速反应发生在 1400℃，且大部分反应在 4h 内发生，完全形成需要 8h。Singh 认为合成 CA$_6$ 的固相反应是十分复杂的，可能发生的反应如下：

$$CaO + 6Al_2O_3 \longrightarrow CaO \cdot 6Al_2O_3$$

$$CaO \cdot Al_2O_3 + 5Al_2O_3 \longrightarrow CaO \cdot 6Al_2O_3$$
$$CaO \cdot 2Al_2O_3 + 4Al_2O_3 \longrightarrow CaO \cdot 6Al_2O_3$$
$$CaO \cdot Al_2O_3 + CaO \cdot 2Al_2O_3 + 9Al_2O_3 \longrightarrow 2CaO \cdot 6Al_2O_3$$

熔盐法的特点是可以明显地降低合成温度和缩短反应时间，提高合成效率，但合成的材料均匀性很难控制，并且许多熔盐都具有不同程度的毒性，其挥发物还常常腐蚀或污染炉体。

韩国 J. Chandradass 研究了反胶团法合成 CaAl$_{12}$O$_{19}$，阐述了采用由表面活性剂 CO520/水/环己烷微乳液组成的微反应器合成 CaAl$_{12}$O$_{19}$ 粉体。通过 DTA-TGA、XRD、SEM 和傅里叶变换红外光谱学对粉体进行表征。由 XRD 图谱表明六边 CaAl$_{12}$O$_{19}$ 在烧成温度 1200℃保温 2h 时生成。在电镜图中看到六边 CaAl$_{12}$O$_{19}$ 近似片状结构。在光谱中发现低频带是 CaAl$_{12}$O$_{19}$ 中的 AlO$_6$ 八面体和 AlO$_4$ 四面体。法国 Cristina Dominguez 研究了六铝酸钙显微结构的发展，CA$_6$ 是由氧化铝和碳酸钙粉末进行制备的，研究了制备方法和烧成温度对六铝酸钙晶粒形态的影响。研究发现晶粒形态和生坯密度还有气孔分布和团聚现象存在密切联系。在低密度生坯中发现了片状晶粒，而当生坯密度升高时，出现了更多的等轴晶粒。提出了等轴晶和片状晶的模型，模型是根据氧化铝和碳酸钙在生坯试样中的接触面积的数量和六铝酸钙生长的自由空间来实现的。意大利 J. M. Tulliani 借助膨胀法研究了一种合成六铝酸钙的新方式。与其他方法相比，运用湿化学法制备纯 CA$_6$，大大降低了反应温度并缩短了合成时间。将先前制备好的粉末进行压成，预烧（450℃），然后对其进行膨胀检测。结果表明，烧结收缩与生成 CA$_2$ 产生的膨胀进行抵消。在煅烧过程中和相演变为 CA$_6$ 的过程中出现了中间相；烧成速率过快（10℃/min）导致材料中出现微裂纹。然而，烧成速率过慢（1~5℃/min），又限制了材料的致密化。

2.1.4 CaO-Al$_2$O$_3$ 系耐火材料的发展与应用

六铝酸钙有着一系列的优良性能：与含氧化铁的熔渣形成固溶体的范围大，在含铁熔渣中的溶解度低；在还原气氛中稳定性高；在碱性环境中有足够强的抗化学侵蚀能力，化学稳定性好；对熔融金属和熔渣（钢铁和有色金属）的润湿性低；主要结晶区大，所以在几种多元系统中有较低的溶解性。因此，六铝酸钙是一种比较有前途的新型耐火材料，应用范围十分广泛。

2.1.4.1 在钢铁工业中的应用

近年来，随着钢铁工业的快速发展对耐火材料性能的要求也越来越高。CA$_6$ 以其优良的性能成为钢包预热器和各种加热炉用耐火纤维制品的替代材料。在钢铁工业中，由于生产不同钢种的需要，炉温需经历多次快速加热和冷却过程，这就对耐火材料热震性提出了很高的要求。

钢包盖内衬：Duhamel 和 Verelle 对此进行了改进设计。主要消除纤维制品装卸及移动中所造成的种种不便，并提高钢包盖的使用寿命及效率，且对于被列为2级致癌物的纤维来说起到一定的健康和环保作用。SLA-92 基浇注料可达到此要求。与纤维内衬相比，其原料成本高了 54%，但可减少人力操作，且使用寿命至少可提高 1 倍以上。De Wit 等人也指出：SLA-92 基隔热浇注料可满足钢包盖内衬非纤维化的要求，且可充分抵抗高温变化并保持长期稳定性。另外，其相对密度小，热导率低，这对轻质耐火内衬来说至关重要。最重要的是其抗热震性。SLA-92 隔热浇注料可承受 1200℃ 与室温间数次的快速加热与冷却过程。其使用寿命可达 3 年以上而无任何中间修补。浸入式水口隔热材料：Gotthelf 等人研究了连续浇注用浸入式水口隔热材料的非纤维化。用 SLA-92 基涂层对水口进行处理来代替纤维包装材料已取得很好的效果。实验表明，SLA-92 基涂层的隔热效果比纤维的隔热效果更好。而纤维制品要达到同样的隔热效果，其厚度为 SLA-92 基涂层的 2 倍（6mm 和 3mm）。加热炉：Wuthnow 等人报道了生产不同钢种的炼钢厂加热炉对特别隔热材料的要求。由于生产不同的钢种，炉温需经数次和快速的变化。SLA-92 基制品主要用在以下 3 个方面：替代耐火纤维用于步进梁式加热炉的固定片预制块和横梁隔热，炉顶修补时的轻质喷补料，替代高铝隔热砖的炉顶预制块，以加快不同钢种生产时的炉温调整。由于频繁的炉温变化，尤其每年一次或两次的停炉修补，均需其轻质砖有良好的抗热震性。常用的标准轻质砖 ASTM30 使用 18 个月后便有明显剥落。SLA-92 基预制块（体积密度 1.2g/cm^3）与高铝砖（体积密度 1.08g/cm^3）相比，抗热震和隔热性能更优良。Kikuchi 等人也对替代耐火纤维用在步进梁式加热炉固定片和横梁上的隔热材料做了研究，详细讨论了 SLA-92 基隔热浇注制品与纤维材料相比在抗渣和抗剥落方面的优良性能，指出这种内衬的使用寿命超过 2 年，大于传统纤维隔热内衬的使用寿命。

中钢洛耐院石干等人研究分析了六铝酸钙新型隔热耐火材料的性能及应用。研究发现六铝酸钙隔热耐火材料有着大量的微米级气孔，其热导率从室温至 1500℃ 均保持在较低水平，这使其成为一种独特的新型隔热耐火材料。中钢洛耐院王守业等人研究了以钙长石和六铝酸钙为代表的轻质隔热耐火材料，这两类材料既隔热又能承受还原介质作用的耐火材料，其中钙长石的熔点较低（1550℃），其材料的使用温度一般低于 1350℃；而六铝酸钙的熔点较高（1875℃），其材料的使用温度高于 1350℃。西南科技大学严云等人研究了烧结法合成六铝酸钙多孔陶瓷，并研究了原料和添加剂种类对六铝酸钙多孔陶瓷性能的影响。结果表明采用氢氧化铝和氢氧化钙合成的 CA$_6$ 性能较好，可以合成显气孔率达 60%、体积密度为 1.55g/m^3 的六铝酸钙多孔陶瓷，掺加添加剂可不同程度改善 CA$_6$ 多孔陶瓷的性能。武汉科技大学李天清等人研究氧化铝原料对合成 CA₆ 多孔骨料性能的影响。该研究以工业氧化铝、活性氧化铝、拟薄水铝石和氢氧化铝微粉为氧化铝原料，采用反应烧结法合成六铝酸钙多孔骨料。研究表明采用工业氧化铝和活性氧化铝微粉作为氧化铝原料可以合成出显气孔率 55% 左右、孔径集中分布在 5μm 以下的高纯度和高强度六铝酸钙多孔骨料，多孔骨料的气孔孔径较大，必须采用粒度更细的氢氧化铝原料。

中国地质大学曾春燕等人研究保温时间对合成轻质耐高温六铝酸钙材料性能的影响。该研究采用钙质海砂和工业 γ-氧化铝为原料，经球磨、成型和无压烧结等工艺原位反应制备了六铝酸钙轻质耐高温材料。研究发现，当合成温度为 1550℃、保温时间为 3~6h 时，产物主要为片状六铝酸钙；保温时间由 3h 增加至 6h 时，片状晶粒的厚度和尺寸增大，当保温 6h 时，晶体边缘已经开始出现熔融现象；试样体积密度先减小后增大；当保温时间为 5h 时，试样有较优的综合性能，其显气孔率、体积密度和抗折强度值分别为 55.24%、1.67g/cm³ 和 7.06MPa。西南科技大学石健等人研究二步法制备轻质六铝酸钙材料。该研究采用水热合成和低温煅烧二步法工艺，以工业氢氧化铝和氢氧化钙制备轻质六铝酸钙，研究了水热处理温度对六铝酸钙的生成及性能的影响。研究发现，前驱体中三水铝石转变为薄水铝石的温度为 175℃，水热处理是轻质六铝酸钙材料生成的重要因素。在 1450℃ 保温 3h，制备出体积密度为 0.61g/cm³、孔隙率为 79.36% 的轻质六铝酸钙材料。北京利尔刘丽等人研究了起始物料对 CA₆-MA 轻质骨料性能的影响。该研究以菱镁矿、碳酸钙和氢氧化铝为主要原料，采用可溶性盐 $CaCl_2$ 和 $MgCl_2$ 分别替代碳酸钙和菱镁矿，研究了其对 CA₆-MA 轻质料的体积密度、强度和显微结构的影响。研究发现，$CaCl_2$、$MgCl_2$ 分别替代碳酸钙和菱镁矿作为 CaO 和 MgO 源，均可制得 CA₆-MA 轻质材料，$MgCl_2$ 和对 CA₆-MA 轻质骨料的物相影响不大，却明显改变了轻质骨料的显微结构。与引入 $CaCl_2$ 相比，引入 $MgCl_2$ 更有利于生成交叉排列的片 CA₆ 及制备低体积密度、高强度、微孔的 CA₆-MA 轻质微孔骨料。

2.1.4.2 在陶瓷工业中的应用

陶瓷工业的烧成周期越来越短，通常每周停窑一次，这就对其内衬材料的抗热震性提出了挑战。1999 年，Stainer 和 Kremer 提出，这种新型的微孔 CA₆ 骨料可用在陶瓷工艺中。选择这种材料的关键标准是其优良的抗热震性，尤其 1450℃ 以上，几乎没有其他任何隔热材料可与之相比。

Przgen 等人报道了基于 SLA-92 隔热浇注料的窑车内衬，其主要优势是低热导率和高抗热震性，该类性能可以明显减少传统隔热砖所造成的热剥落；也优于由于玻璃析晶而变脆的耐火纤维内衬。抗热剥落的增强，减少了对制品性能有影响的微颗粒数量及沉积，从而提高了制品质量及产量。现已成功测试，这种新型内衬窑车可用 6 个月，由于优良的抗热震性，窑车未出现任何破坏。研究表明，SLA-92 基内衬窑车的使用寿命为 12~24 个月，超过了传统窑车的使用寿命。Overhoff 等人也报道了瓷器工业中窑车和辊道窑用 SLA-92 材料，以其优良的抗碱性、抗还原性及耐高温性 1300~1500℃而被用来替代高密度、高热导率的轻质刚玉砖。

西南科技大学严云等人研究二步法低温制备六铝酸钙/镁铝尖晶石复相陶瓷，研究了水热处理温度对前驱体性能及六铝酸钙/镁铝尖晶石复相陶瓷物相组成和形貌的影响。该研究以白云石和工业 Al(OH)$_3$ 为原料，采用水热合成和低温煅烧二步法工艺制备六铝酸钙—镁铝尖晶复相陶瓷。研究发现 200℃水热处理后的前驱体中，板状三水铝石转变为多孔薄片状薄水铝石；前驱体高温分解后可为复相陶瓷的生成提供高活性原料和六铝酸钙片状形貌的生长空间；采用二步法制备工艺，在 1400℃煅烧 3h 即可制备出主晶相为六铝酸钙和镁铝尖晶的复相陶瓷。复相陶瓷的体积密度为 1.56g/cm^3，气孔率为 61.5%，孔径分布在 0.2~1.1μm 之间。

2.1.4.3　在玻璃工业中的应用

Windle 和 Bentley 讨论了玻璃工业中熔化池富氧燃烧技术的应用，但随碱金属浓度的升高，其缺陷也明显增加，致使碹顶传统硅砖受到严重磨损。通过碹顶镁铝尖晶石的使用可在一定程度上改善碱金属侵蚀。而作为尖晶石内衬的隔热材料，选用了 CA$_6$ 质隔热砖。CA$_6$ 质隔热砖与传统硅酸铝隔热材料相比有更好的抗碱性。随着热面温度的升高，CA$_6$ 的高耐火度与硅酸铝隔热材料相比也占一大优势。硅酸铝隔热材料的使用温度已非常接近其临界值。

2.1.4.4　在石化工业中的应用

在石化工业中，CA$_6$ 隔热耐火材料主要用于与还原性气体 H$_2$ 和 CO 相接触的内衬部位，其高纯和隔热性能取代了氧化铝空心球，即使在剧烈的还原气氛下也保持稳定。刚玉空心球制品的热导率大约为 1W/(m·K)，但随温度的升高而明显增大。CA$_6$ 隔热耐火制品的热导率较低，仅为 0.4W/(m·K)，且在整个温度范围内保持稳定。石化用耐火材料的最重要一点是其氧化物的稳定性，如抗还原性、抗 CO 侵蚀和抗高速气流的磨损性。

2.1.4.5　在炼铝工业中的应用

在炼铝工业中，虽然液态铝的温度低于 900℃，但其最高冶炼温度达 1200℃，或者更高，这是由高生产负荷引起的。高生产率会导致较高的装料量和炉内高温等此类更苛刻的使用条件。目前,应用在炼铝工业中的传统耐火材料主要是焦宝石或矾土质耐火骨料。通常使用中加入 BaSO$_4$ 和 CaF$_2$ 等抗侵蚀添加剂来减少熔融金属或熔渣的渗透。

荷兰科研人员在实验室对 Bonite 浇注料和炼铝工业中的传统浇注料进行了对比研究,结果表明,Bonite 浇注料由于其低润湿性和独特的微孔结构比传统浇注料具有更好的抗铝液侵蚀能力,Bonite 浇注料在炼铝工业上应用的另一个优势是比高铝矾土类的材料具有更高的化学纯度。炼铝工业的发展对合金纯度的要求日益增强,传统的耐火材料中的 SiO$_2$、Fe$_2$O$_3$ 和 TiO$_2$ 等杂质能被铝或合金还原为单质,从而使合金被污染以及在耐火内衬上产生刚玉沉积层。Bonite 杂质含量低,由它和活性氧化铝制备的耐火内衬抵抗铝液或合金的还原能力更强,性能更稳定,使用寿命更长。

2.2 La$_2$O$_3$对固相反应烧结法合成 CaO-Al$_2$O$_3$系耐火材料

2.2.1 原料

试验采用市售工业氧化铝(γ-Al$_2$O$_3$)和自制活性石灰(煅烧温度 750℃)为原料合成六铝酸钙材料,原料化学组成见表 2.2。试验用活性石灰体积密度 1.75g·cm^3,显气孔率 55%,比表面积 1.2cm^3·g^{-1}。试验用氧化镧为分析纯。

表 2.2 原料化学组成(质量分数)   (%)

原料	Al$_2$O$_3$	CaO	SiO$_2$	Fe$_2$O$_3$	K$_2$O	Na$_2$O
工业氧化铝	96.73	—	0.09		0.08	0.43
活性石灰	0.23	94.46	0.13	0.15	—	—

2.2.2 制备

试验首先将工业氧化铝中 Al$_2$O$_3$ 和活性石灰中 CaO 按摩尔比为 6:1 的比例对两种原料进行配料,以此作为基础配方,配方编号 L0。在 L0 配方基础上,外加 0.4%、0.8%、1.2%、1.6% 和 2.0% 的氧化镧作为添加剂,配方编号 L1~L5。将配方物料置于振动磨中,研磨 3min 后,将物料外加 5% 的水混炼均匀。利用活性石灰水化形成的石灰乳作为结合剂,半干法成型,成型压力 50MPa。成型后试样置于 110℃ 干燥箱中,经 12h 烘干后的试样分别在 1450℃ 和 1500℃ 条件下,保温 2h 烧成,自然冷却后备用。

2.2.3 表征

用 Philips X'Pert-MPD 型 X 射线衍射仪(Cu 靶 K$_{\alpha1}$辐射,管压 40kV,管流

100mA，采用 θ-2θ 连续扫描方式，步长 0.02°，扫描速度为 4°/min，扫描范围 20°~50°）对烧后试样的相组成进行分析，通过 X 射线衍射图中提供数据，利用 X'Pert Plus 软件对合成六铝酸钙材料中主晶相六铝酸钙的晶胞参数进行计算。用日本电子 JSM6480 LV 型 SEM 扫描电镜观察不同配方试样断口的微观结构。通过检测烧后试样的常温耐压强度，反映固相反应合成六铝酸钙材料的烧结性能，分别检测 3 组烧后试样的常温耐压强度（即热震前常温耐压强度），并计算平均值。在 1100℃条件下，将另外 3 组烧后试样经历 3 次水冷热循环，并测量其残余耐压强度（即热震后常温耐压强度），并计算平均值。通过对各配方试样热震后残余常温耐压强度保持率（=热震后残余常温耐压强度/热震前常温耐压强度）的计算结果，评价六铝酸钙材料的热震稳定性。

2.2.4　La₂O₃ 对固相反应烧结法合成 CaO-Al₂O₃ 系耐火材料性能影响

2.2.4.1　La₂O₃ 对六铝酸钙材料相组成的影响

图 2.5 所示为不同氧化镧加入量的六铝酸钙材料经 1450℃和 1500℃煅烧后试样 XRD 图谱。从图 2.5 中六铝酸钙材料试样的相组成可以看出，经 1450℃烧后的 L0~L5 试样中均出现了六铝酸钙相，六铝酸钙相的衍射峰特征明显，同时材料中存在少量过渡相二铝酸钙。由于原料工业氧化铝中 γ-Al₂O₃ 高温条件下（>1100℃）转化成 α-Al₂O₃，因此，烧后试样中除了含有合成产物六铝酸钙和过渡产物二铝酸钙以外，同时还存在部分刚玉相。对比经 1450℃烧后的 L0~L5 试样中合成产物六铝酸钙相衍射峰强度的变化趋势可以看出，随着添加剂氧化镧加入量的增大，合成产物六铝酸钙相的（008）、（107）、（114）和（0010）等晶面的衍射峰强度均有所增强，说明氧化镧的引入有利于合成六铝酸钙材料的固相反应。随着煅烧温度的升高，从图 2.5 中经 1500℃烧后的 L0~L5 试样的物相组成变化可以看出，过渡相二铝酸钙已经完全消失，合成产物六铝酸钙相衍射峰强度也明显高于经 1450℃烧后的六铝酸钙相衍射峰强度。分析认为固相反应过程中，过渡相二铝酸钙与产物六铝酸钙应同时反应生成，系统中氧化钙和氧化铝直接生成一次六铝酸钙反应的同时，过渡相二铝酸钙与过剩的刚玉相反应生成二次六铝酸钙。从图 2.5 中烧后试样 XRD 图谱中各衍射峰性质判断，没有发现与镧元素相关的物相出现，说明 La^{3+} 极有可能进入合成产物六铝酸钙结构中，为了分析添加剂离子对合成六铝酸钙材料固相反应过程的作用机理，试验利用 X'Pert Plus 软件对六铝酸钙相晶胞参数进行了计算。

六铝酸钙属于六方晶系，层状结构化合物，P6₃/mmc 空间群。根据六方晶系中晶面间距 d、晶面指数（hkl）与晶胞参数的关系如式（2.3）所示，对 XRD 图谱中的物相组成进行定性分析，得到不同衍射角度所对应特征峰的晶面指数。

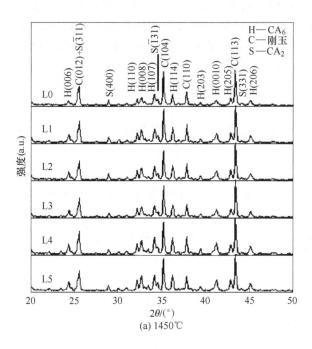

(a) 1450℃

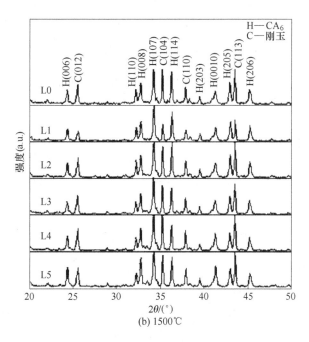

(b) 1500℃

图 2.5 不同氧化镧加入量的六铝酸钙材料 XRD 图谱

然后对 XRD 图中不同晶面所对应的衍射特征峰进行拟合，求出特征峰对应的晶面间距 d 值。最后将晶面指数及拟合得到的数据代入式（2.1）中，利用 X'Pert Plus 软件计算固相反应合成六铝酸钙材料中主晶相六铝酸钙的晶胞参数 a、c 和晶胞体积 v。

$$\frac{4}{3}\frac{(h^2+hk+k^2)}{a^2}+\left(\frac{l}{c}\right)^2=\frac{1}{d_{hkl}^2} \tag{2.1}$$

图 2.6 所示为 1450℃ 和 1500℃ 煅烧条件下，固相反应生成六铝酸钙的晶胞参数与氧化镧添加剂加入量的关系图。从图中六铝酸钙的晶胞参数 a、c 和晶胞体积 v 的变化趋势可以看出，经 1450℃ 煅烧后试样中六铝酸钙晶胞参数 a 随氧化镧加入量增加而逐渐增大，晶胞参数 c 呈现先减小后增大趋势，晶胞体积呈现整体膨胀的趋势。从经过 1500℃ 煅烧后试样中六铝酸钙晶胞体积的变化趋势也可以看出，六铝酸钙的晶胞体积随着氧化镧加入量增加呈总体增大趋势。研究表明在六铝酸钙晶体结构中，掺入与 Al^{3+} 半径相近的过渡金属离子和稀土金属离子，可以部分取代四面体间隙中的 Al^{3+} 和八面体间隙中的 Al^{3+}，并稳定存在于六铝酸钙晶胞中。分析认为试验选择氧化镧作为添加剂，当 La^{3+} 取代 Al^{3+} 时，其缺陷反应方程为 $La_2O_3 \xrightarrow{CaO\cdot 6Al_2O_3} 2La_{Al}+3O_O$，由于 La^{3+} 半径远大于 Al^{3+} 半径，一旦形成置换固溶，六铝酸钙晶胞体积必将随着氧化镧加入量增大而逐渐增大。考虑到位于六铝酸钙层状结构中镜面位置的 Ca^{2+} 半径较大，如与 La^{3+} 形成置换固溶，其缺陷反应方程式为 $La_2O_3 \xrightarrow{CaO\cdot 6Al_2O_3} 2La_{Ca}^{\bullet}+V_{Ca}''+3O_O$ 和 $La_2O_3 \xrightarrow{CaO\cdot Al_2O_3} 2La_{Ca}^{\bullet}+O_i''+2O_O$，$La_{Ca}^{\bullet}$ 和 O_i'' 的结构缺陷的增多均会导致六铝酸钙晶胞参数的增大。

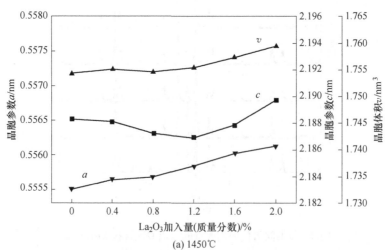

(a) 1450℃

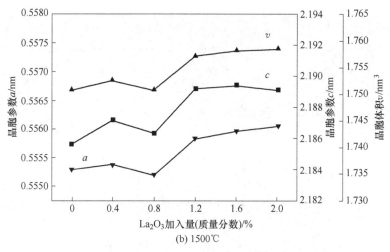

图 2.6　不同氧化镧加入量对六铝酸钙相晶胞参数的影响

2.2.4.2　氧化镧对六铝酸钙材料显微结构的影响

图 2.7 所示分别为氧化镧加入量为 0、0.8% 和 1.6% 的 L0、L2 和 L4 六铝酸钙配方在 1450℃ 和 1500℃ 烧后的试样断面 SEM 照片。图中 1450℃ 烧后的 L0 试样显微结构几乎看不出明显的六铝酸钙的典型特征晶体结构，随着煅烧温度升高，经 1500℃ 烧后的试样显微结构略显致密，晶粒无明显长大趋势。对比 1450℃ 烧后的 L2 和 L4 试样显微结构可以看出，加入氧化镧有助于试样中结晶相的晶粒长大，分析认为引入氧化镧所造成的结晶相结构缺陷会加速离子交换速度，结晶相晶体结构特征更趋于显著。利用 X'Pert Plus 软件将 1450℃ 烧后的 L0 配方试样的结晶度标定为 $k\%$，计算 1450℃ 烧后的 L2 和 L4 试样的相对结晶度分别为 $1.0442k\%$ 和 $1.0671k\%$，试样相对结晶度随氧化镧的引入而逐渐增大，其计算结果与氧化镧促进结晶相晶粒长大的分析相一致。对比分析经 1500℃ 烧后的 L0、L2 和 L4 试样的显微结构，L2 试样中出现了较为明显的片状六铝酸钙相。六铝酸钙相晶体生长特点是平行于 C 轴方向优先生长，平行于 C 轴方向的生长被抑制，垂直于 C 轴方向的 O^{2-} 扩散速度比平行于 C 轴方向的 O^{2-} 扩散速度快，六铝酸钙结构中 Ca^{2+} 所处的镜面方向被看作 O^{2-} 优先扩散的路径。在 1500℃ 煅烧条件下，氧化镧引入系统中为结晶相六铝酸钙的晶核生长提供了更加快速的物质扩散条件，随着系统中结晶相六铝酸钙的增多和长大，试样中形成了较为均匀和密集的空隙结构。计算 1500℃ 烧后的 L0、L2 和 L4 试样的相对结晶度分别为 $1.0841k\%$、$1.0985k\%$ 和 $1.1377k\%$，计算结果同样表明煅烧温度的升高以及氧化镧加入量的增大有利于合成六铝酸钙材料固相反应。

(a) L0, 1450℃   (b) L2, 1450℃   (c) L4, 1450℃

(d) L0, 1500℃   (e) L2, 1500℃   (f) L4, 1500℃

图 2.7   不同氧化镧加入量的六铝酸钙材料 SEM 照片

2.2.4.3   氧化镧对六铝酸钙材料烧结性和热震稳定性的影响

图 2.8 所示分别为在 1450℃ 和 1500℃ 煅烧条件下，不同氧化镧加入量的六铝酸钙材料热震前后试样常温耐压强度及热震前后常温耐压强度保持率的变化趋势图。从图中试样热震前常温耐压强度的变化趋势可以看出，系统中引入氧化镧可以促进合成六铝酸钙材料的烧结性能，随煅烧温度由 1450℃ 升高到 1500℃，氧化镧的促烧结性更为明显。结合以上六铝酸钙材料的组成和结构分析，系统中引入氧化镧在结构中所形成的结构缺陷会加速合成六铝酸钙的固相反应，促进合成产物结晶相的晶粒长大。热震后试样常温耐压强度随氧化镧加入量增加而逐渐增大的趋势也同样说明了氧化镧对于合成六铝酸钙材料的促烧结作用。试验通过热震前后试样常温耐压强度保持率来间接反映合成六铝酸钙材料的热震稳定性，从图中试样热震前后常温耐压强度保持率的变化趋势可以看出，经 1450℃ 烧后试样热震前后常温耐压强度保持率随氧化镧加入量增加而逐渐增大，试样热震稳定性逐渐增强。氧化镧加入量小于 1.6% 时，经 1500℃ 烧后试样的热震稳定性随氧化镧加入量的增加而逐渐增强，并随氧化镧加入量（>1.6%）继续增大而逐渐减弱。分析认为系统中结晶相的组成和结构是影响六铝酸钙材料热震稳定性的重要因素，经 1450℃ 烧后的试样结构中含有包括六铝酸钙、刚玉和过渡相二铝酸钙的三种物相，未加入氧化镧的烧后试样微观结构中结晶相晶粒发育不完全，引入氧化镧促进了试样中结晶相的晶粒长大，试样热震稳定性逐渐增强。随着煅烧温度升高到 1500℃，烧后试样中过渡相二铝酸钙消失，随着氧化镧加入量增加，结

构中结晶相晶粒均匀长大，晶粒间相互搭接，烧后试样热震稳定性逐渐增强。然而过量的氧化镧引入同样也会引起晶粒的异常长大，高温液相的增多，不利于合成六铝酸钙材料的热震稳定性。结果表明引入1.6%氧化镧的六铝酸钙配方试样经1500℃煅烧后，试样热震前后常温耐压强度保持率最高、热震稳定性最好。

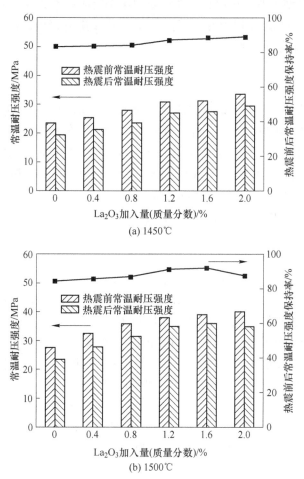

图2.8　La_2O_3对六铝酸钙热震前后常温耐压强度及常温耐压强度保持率的影响

采用工业氧化铝和活性石灰为原料通过高温固相反应合成六铝酸钙材料，反应过程中过渡相二铝酸钙随煅烧温度升高及氧化镧加入量增大而逐渐消失，系统中La^{3+}掺入所造成的结构缺陷导致合成产物六铝酸钙相晶胞参数变大，促进了过渡相向六铝酸钙相的转变。同时引入氧化镧所造成的结构缺陷也会加速结晶相结构中的离子交换和晶粒长大，结晶相结构特征更趋于显著。经1450℃和1500℃烧后试样的常温耐压强度随氧化镧加入量增加而逐渐增大，合成六铝酸钙材料的烧结性逐渐增强，引入适量氧化镧可以提高烧后六铝酸钙材料的热震稳定性。

2.3 CeO$_2$ 对合成 CaO-Al$_2$O$_3$ 系耐火材料的影响

2.3.1 原料

试验用 γ 晶型工业氧化铝和活性石灰的化学组成见表 2-1。试验用活性石灰的煅烧温度为 750℃，体积密度 1.75g·cm^3，显气孔率 55%，比表面积 1.2cm^3/g。添加剂氧化铈为分析纯。

2.3.2 制备

试验首先结合工业氧化铝和活性石灰的化学组成，按 $n($Al$_2$O$_3)/n($CaO$)$ = 6:1 配料，以此作为基础配方 C0。在 C0 配方基础上，外加 0.4%、0.8%、1.2%、1.6% 和 2.0% 的氧化铈，配方编号 C1~C5。将各配方物置于 GJ-3 型强力研磨机中，研磨后物料外加 5% 的水混炼均匀。各物料采用 DY-60 粉末压片机半干法成型，成型压力 50MPa，试样大小 Φ20mm×20mm。成型后试样经 110℃ 干燥 12h 后，分别在 1450℃ 和 1500℃ 条件下，保温 2h 烧成。

2.3.3 表征

利用 Philips X'Pert-MPD 型 X 射线衍射仪对烧后试样的相组成进行分析（Cu 靶 K$_{\alpha 1}$ 辐射，管压 40kV，管流 100mA，步长 0.02°，扫描速度为 4°/min，扫描范围 20°~50°）。通过 X 射线衍射图中提供数据，并利用 X 射线衍射仪配套软件 X'Pert Plus 对烧后试样中主晶相六铝酸钙的晶胞参数进行计算。利用日本电子 JSM6480 LV 型扫描电镜对烧后试样的断口微观形貌进行观察。通过对烧后试样热震前后常温耐压强度保持率的计算，间接评价合成六铝酸钙材料的抗热震性。具体操作步骤：

1）检测 3 组烧后试样的常温耐压强度（即热震前常温耐压强度）；

2）对另外 3 组烧后试样进行 3 次 1100℃ 水冷热循环，并测量其热震后残余常温耐压强度；

3）计算各试样热震前后常温耐压强度保持率，即为热震后残余常温耐压强度与热震前常温耐压强度的比值。

2.3.4 CeO$_2$ 对合成六铝酸钙耐火材料组成、结构及性能的影响

2.3.4.1 CeO$_2$ 对合成六铝酸钙耐火材料相组成的影响

图 2.9 所示分别为经 1450℃ 和 1500℃ 烧后试样的 XRD 图谱。可以看出各烧后试样基本由 3 种矿相组成，分别为合成产物六方晶型六铝酸钙相、α-晶型的刚玉相和少量过渡相二铝酸钙。经 1450℃ 烧后的 C0~C5 试样中均出现了较为明显

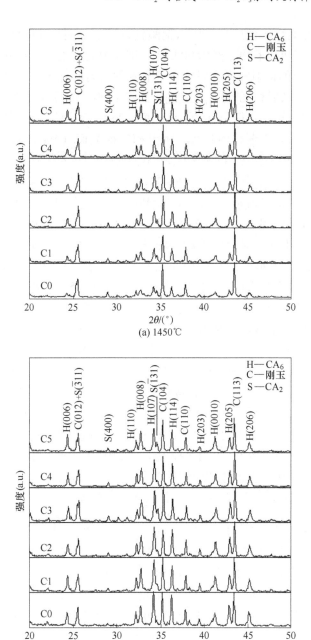

图 2.9　不同温度煅烧后六铝酸钙配方试样 XRD 图谱

的六铝酸钙相衍射峰，并且随着氧化铈加入量的逐渐增大，六铝酸钙相特征晶面（205）所对应的衍射峰强度逐渐增强，说明氧化铈的引入有利于合成六铝酸钙材料的固相反应。系统中 γ-Al₂O₃已经完全转化成 α-晶型的刚玉相，过渡相二铝酸钙与刚玉相有继续原位反应生成六铝酸钙的趋势。对比1450℃和1500℃烧后的C0试样相组成可以看出，经1500℃烧后试样中的六铝酸钙相特征晶面（107）和（114）所对应的衍射峰强度明显强于前者的衍射峰强度，提高煅烧温度有利于促进合成六铝酸钙材料的原位反应进行。经1500℃烧后试样的相组成变化趋势可以看出，六铝酸钙相特征晶面（107）和（114）所对应的衍射峰强度随着氧化铈加入量的增加有逐渐减弱趋势，刚玉相特征晶面（104）和（113）所对应的衍射峰逐渐变得尖锐。为了进一步分析说明煅烧温度和氧化铈加入量对合成材料结晶相的影响，试验利用X'Pert Plus软件对六铝酸钙相晶胞参数进行了计算。

众所周知，六铝酸钙属于六方晶系，P6$_3$/mmc空间群，晶面间距d、晶面指数（hkl）与晶胞参数符合$4/3 \cdot (h^2+hk+k^2)/a^2+l^2/c^2 = 1/d_{hkl}^2$所示关系，因此，针对XRD图谱中不同衍射角度所对应特征峰晶面指数进行分析，拟合不同特征峰晶面所对应的晶面间距d_{hkl}值，代入如上所示关系式，即可求出合成产物六铝酸钙相的晶胞参数和晶胞体积。图2.10为1450℃和1500℃烧后试样中合成产物六铝酸钙相的晶胞参数与氧化铈加入量之间的关系图。

从图2.10中六铝酸钙的晶胞参数a、c和晶胞体积v的变化趋势可以看出，经1450℃烧后试样中合成产物六铝酸钙相的晶胞参数a、c和晶胞体积v随着系统中氧化铈加入量增大呈现整体减小趋势。结合图2.10中1450℃烧后试样的XRD图谱中各衍射峰性质，判断合成产物六铝酸钙相的晶胞参数的减小与系统中引入氧化铈有关。烧后试样的XRD图谱中没有发现与铈元素相关的矿物相产生，说明氧化铈中Ce^{4+}已经进入合成产物六铝酸钙相的结构中。研究表明，在六铝酸钙晶体结构中，掺入与Al^{3+}半径相近的过渡金属离子或稀土金属离子可以部分取代四面体间隙中和八面体间隙中的Al^{3+}，并稳定存在于六铝酸钙晶胞中。根据置换固溶缺陷反应方程的基本规律，当Al^{3+}被Ce^{4+}置换时，会发生$2CeO_2 \xrightarrow{CaO \cdot 6Al_2O_3} 2Ce_{Al}^{\bullet}+3O_O+O_i''$和$3CeO_2 \xrightarrow{CaO \cdot 6Al_2O_3} 3Ce_{Al}^{\bullet}+6O_O+V_{Al}'''$的缺陷反应。分析认为，由于Ce^{4+}与O^{2-}的半径比为0.7386，理论上形成［CeO$_8$］立方体或在一定程度上形成［CeO$_6$］八面体，因此Ce^{4+}更易于置换六铝酸钙结构中八面体间隙中的Al^{3+}。考虑到系统中引入氧化铈量较少以及Ce^{4+}半径较大，两种缺陷反应方程中发生后者的可能性更大，半径较大的Ce^{4+}置换八面体间隙中的Al^{3+}会导致六铝酸钙晶胞的变大，然而六铝酸钙晶胞中出现的V$_{Al}'''$同样会导致六铝酸钙晶胞的变小。结合1450℃烧后试样中六铝酸钙相晶胞参数的变化趋势说明，六铝酸钙晶胞中V$_{Al}'''$数量会随着氧化铈加入量增大而增大，六铝酸钙相晶胞参数逐渐减小。考虑到位于六铝酸钙层状结构中Ca^{2+}半径较大，如与少量Ce^{4+}形成置换固溶，缺陷反应方程式为$CeO_2 \xrightarrow{CaO \cdot 6Al_2O_3} Ce_{Ca}^{\bullet\bullet}+V_{Ca}''+2O_O$，与缺陷反应方程中Ce^{4+}置换Al^{3+}形成V$_{Al}'''$相类似，Ce^{4+}置换Ca^{2+}同样形成V$_{Ca}''$，V$_{Ca}''$缺陷数量增大同样也会导

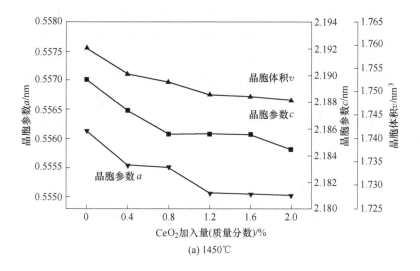

(a) 1450℃

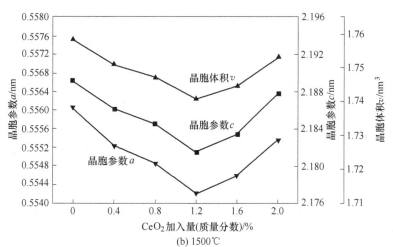

(b) 1500℃

图 2.10 氧化铈对六铝酸钙相晶胞参数的影响

致六铝酸钙晶胞的变小。从图 2.10 中经 1500℃烧后试样中六铝酸钙的晶胞参数的变化趋势可以说明，晶胞参数 a、c 和 v 均随着系统中氧化铈加入量（小于1.2%）增大呈现减小的趋势。

　　然而随着系统中氧化铈加入量大于 1.2%时，经 1500℃烧后试样中六铝酸钙的晶胞参数呈逐渐增大趋势。分析认为煅烧温度的升高以及 Ce^{4+}置换固溶所造成的六铝酸钙结构缺陷形式和数量的改变是导致此种现象的主要原因。对比 1450℃和 1500℃烧后试样中六铝酸钙的晶胞参数的变化程度可以发现，如引入相同量的氧化铈，随着煅烧温度的升高，六铝酸钙晶胞参数变化量增大，结构畸变增多。提高煅烧温度加速了 Ce^{4+}对 Al^{3+}或 Ca^{2+}的置换速度，随着系统中 Ce^{4+}浓度增大，

Ce^{4+} 填充 V'''_{Al} 空位和 V''_{Ca} 空位的几率逐渐增大，并在六铝酸钙结构中产生 O''_i 结构缺陷，缺陷形式的改变及 $Ce^{\cdot}_{Al}$ 和 O''_i 等缺陷的增多均会导致六铝酸钙晶胞参数的增大。如 1500℃ 烧后试样中六铝酸钙特征晶面所对应的衍射峰强度变化趋势分析所示，合成产物六铝酸钙相晶体结构中缺陷形式和数量的改变也是导致六铝酸钙相衍射峰强度变化的主要原因，六铝酸钙相中结构缺陷数量增大以及由此所产生的高温液相量增多使得合成产物六铝酸钙相的晶体特征减弱，特征晶面所对应的衍射峰强度也受到一定程度的影响。为更好地说明以上分析，论证氧化铈对烧后试样组成、结构和性能的影响，试验利用相对结晶度计算方法和 SEM 法对烧后试样断面的显微结构进行了分析。

2.3.4.2 CeO₂ 对合成六铝酸钙耐火材料显微结构的影响

图 2.11 为氧化铈加入量为 0.4%、1.2% 和 2.0% 的 C1、C3 和 C5 配方试样在 1450℃ 和 1500℃ 烧后的断面 SEM 显微结构图。从图中 1450℃ 烧后的 C1 配方试样结构中可以明显看到有小的板片状结晶相出现，随着氧化铈加入量增大，C3 和 C5 试样中板片状结晶相有逐渐长大的趋势。分析认为板片状结晶相大多为合成产物六铝酸钙相，因为在六铝酸钙相晶体中垂直于 C 轴方向的 O^{2-} 扩散速度明显大于平行于 C 轴方向的 O^{2-} 扩散速度，Ca^{2+} 所处的镜面方向被看作 O^{2-} 优先扩散的路径，六铝酸钙相生长主要特点是平行于 C 轴方向优先生长。结合 XRD 分析，烧后试样结构中仍然存在部分未反应的刚玉相，刚玉相与六铝酸钙相虽同属六方晶系，但作为合成产物的六铝酸钙相更有逐渐长大趋势。对比 1450℃ 烧后的各试样的显微结构可以看出，加入氧化铈有助于试样中结晶相的晶粒长大，适量的结构缺陷会加速离子交换，促进合成产物的原位反应。利用 X'Pert Plus 软件将 1450℃ 烧后的 C0 配方试样的结晶度标定为 $k\%$，对 1450℃ 烧后的 C1、C3 和 C5 配方试样的相对结晶度进行计算，各试样相对结晶度计算结果分别为 $1.0503k\%$、$1.0907k\%$ 和 $1.0965k\%$，此计算结果与氧化铈促进结晶相晶粒长大的分析相一致。随着煅烧温度由 1450℃ 升高到 1500℃，从图 2.11 中 1500℃ 烧后的 C1 配方试样断面显微结构可以明显看出，板片状结晶相数量增多，结晶相晶粒长大。对比 1500℃ 烧后的 C1、C3 和 C5 配方试样显微结构，C3 配方试样结构中出现了较为明显的板片状结晶相纵横搭接的现象，而 C5 配方试样结构中出现大量的玻璃相，结晶相晶体特征不明显。分析认为经 1500℃ 烧后的 C5 配方试样由于引入氧化铈所造成的结构缺陷以及高温条件下所形成热缺陷的双重作用导致材料结构中形成大量高温液相，合成产物六铝酸钙相的晶体特征减弱。经 1500℃ 烧后的 C1、C3 和 C5 配方试样相对结晶度结果表明，C1 和 C3 配方试样的相对结晶度为 $1.1164k\%$ 和 $1.1847k\%$，明显高于 1450℃ 烧后试样的相对结晶度，随着氧化铈加入量的继续增大，C5 配方试样相对结晶度降低为 $1.0602k\%$，试验结果说明

1500℃煅烧条件下，过量氧化铈不利于合成产物六铝酸钙相的原位反应。

图 2.11　1450℃和 1500℃烧后 C1、C3 和 C5 试样的 SEM 图

2.3.4.3　CeO₂对合成六铝酸钙耐火材料烧结性和抗热震性的影响

图 2.12 分别为在 1450℃和 1500℃煅烧条件下，不同氧化铈加入量的六铝酸钙材料热震前后试样常温耐压强度及热震前后常温耐压强度保持率的变化趋势图。从图中烧后试样热震前常温耐压强度的变化趋势可以看出，系统中适量引入氧化铈可以提高合成材料的烧结性，结合以上烧后试样相组成和微观结构分析，引入氧化铈所造成的结构缺陷会加速合成材料的固相反应，烧后试样的常温耐压强度逐渐增大，并且随煅烧温度的升高，氧化铈的促烧结性更趋显著。从图 2.12 中烧后试样热震后常温耐压强度的变化趋势也可以看出，虽然热震后试样常温耐压强度随着氧化铈加入量增大而增大，但是热震后试样常温耐压强度的增大趋势明显减缓，尤其对于 1500℃烧后的 C3~C5 配方试样的热震后常温耐压强度的变化趋势。由此所表现出来的各试样抗热震性（即热震前后试样常温耐压强度保持率）随着煅烧温度升高以及氧化铈加入量增大而存在较大差异。图 2.12 中可以看出，经 1450℃烧后的试样，加入小于 1.6%氧化铈有利于合成材料的抗热震性。经 1500℃烧后的试样中，加入小于 1.2%氧化铈有利于提高合成材料抗热震性，而过量加入氧化铈会直接影响合成材料抵抗温度变化的能力。分析认为合成材料中相组成和微观结构变化是导致合成材料抗热震性差异的主要原因，对比 1450℃烧后的 C1 和 C3 试样的相组成和显微结构，C3 试样中 Ce⁴⁺的置换固溶作用使结晶相晶粒发育均匀、完整，合成产物六铝酸钙搭接作用显著。对比 1500℃

烧后的 C3 和 C5 试样的相组成和显微结构，前者结构中合成产物结晶特征更明显，结晶度更高，结构中出现的微小孔隙为合成材料具有良好抗热震性奠定了结构基础，经 1500℃烧后的 C3 配方试样热震前后常温耐压强度保持率可以达到 93.1%。

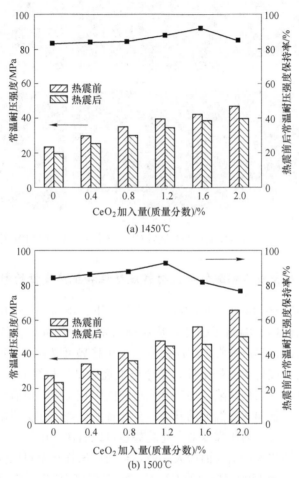

图 2.12   1450℃和 1500℃烧后试样的热震前后常温耐压
强度及常温耐压强度保持率

　　研究发现氧化铈可以作为以工业氧化铝和活性石灰为原料合成六铝酸钙材料的助烧结剂，烧后常温耐压强度随氧化铈加入量的增大而增大，并且适量引入氧化铈可以提高合成材料的抗热震性，在 1450℃和 1500℃的煅烧条件下，分别加入 1.6%和 1.2%的氧化铈的配方试样热震前后常温耐压强度保持率最高。提高煅烧温度以及过量加入氧化铈会引起合成材料中结构缺陷形式和数量的改变，甚至造成结构中出现大量液相，结晶度降低。

2.4　自结合多孔六铝酸钙合成研究

实验以活性 $\alpha\text{-}Al_2O_3$ 和自制的活性石灰为原料，采用反应浇注烧结工艺制备六铝酸钙多孔材料。试验采用煅烧石灰石法自制活性石灰，利用活性石灰与水的强水化的作用所产生的体积膨胀，形成原始的多孔结构。同时活性 $\alpha\text{-}Al_2O_3$ 也与水作用形成 $Al(OH)_3$ 凝胶将多孔结构固定。因此，试样经高温煅烧后形成的六铝酸钙晶体在"宽松"的环境中长大，形成的微小空隙较多，同时避免由于采用铝酸钙水泥而对六铝酸钙多孔材料引入杂质。

2.4.1　原料

试验采用活性 $\alpha\text{-}Al_2O_3$ 和自制的活性石灰（煅烧温度 750℃）为主要原料，试验原料化学组成见表 2.3。

表 2.3　原料的化学组成（质量分数）　（%）

原料	CaO	Al_2O_3	SiO_2	Fe_2O_3	IL
活性 $\alpha\text{-}Al_2O_3$	0.22	99.10	0.15	—	—
活性石灰	94.46	0.23	0.13	0.15	3.45

2.4.2　制备

试验首先制备活性石灰，活性石灰属于易水化原料，因此石灰石经 750℃ 煅烧后的活性石灰放在干燥器备用。实验室中为了制得活性较大的石灰，因此内部有少量的"欠烧"石灰，所以酌减量较大。

试验然后将制备的活性石灰与活性 $\alpha\text{-}Al_2O_3$ 按照原料特点及 CA_6 的理论组成进行配料，配置好的物料在球磨机中共磨 60min，共磨后物料快速外加 55% 的蒸馏水，置于搅拌器中搅拌 5min，然后将形成的泥料在振动台上浇注成 40mm×40mm×160mm 的试样。由于采用的原料均为活性原料，因此试样经过 12h 常温养护及在 110℃×24h 干燥后具有了一定强度，干燥后试样 1450℃×6h 烧成。

2.4.3　表征

用 X 射线衍射（X-ray diffraction，RXD）仪（Cu 靶 $K_{\alpha1}$ 辐射，电流为 40mA，电压为 40kV，扫描速度为 4°/min）分析试样的矿物相。用 SEM 分析烧后试样断面的显微结构，并对试样进行能谱分析。用排水法测定烧后试样的显气孔率及体积密度。

2.4.4　自结合多孔六铝酸钙组成结构性能分析

通过观察图 2.13 烧后试样的 XRD 图谱，试样的矿物组成以 CA_6 为主，同时存在少量没有完全反应的 CA_2、CA 和刚玉相。

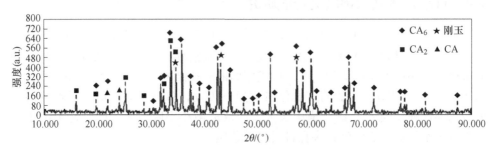

图 2.13　烧后试样 XRD 图谱

图 2.14 为放大 1000×试样断口显微结构照片，照片中依稀可以看到活性石灰的水化的作用所产生膨胀形成的多孔结构，多孔结构分布于断面的每个位置。在 CaO 所形成的框架结构中，Al_2O_3 与 CaO 反应生成 CA_6 晶体自由生长，形成独特的"珊瑚状"。经排水法检测试样的体积密度 $1.05g/cm^3$，显气孔率 69.5%。

图 2.14　试样断口显微结构照片（1000×）

图 2.15 为试样断口放大 10000×试样显微结构照片，其中 CA_6 晶体呈较完整的片状结构，厚度方向距离较小，片状晶体在结构中分布均匀，CA_6 晶粒由于优先在基面生长，而且片状结构晶体交叉生长，所以在整个结构中出现大量分布均匀的微小间隙。图 2.16 为试样断口能谱分析，经计算 O、Al、Ca 各元素质量分数接近 CA_6 的理论组成。

研究发现以活性 α-Al_2O_3 和活性石灰为原料经 1450℃×6h 烧成可以形成六铝酸钙片状晶体。活性石灰的水化膨胀所形成的多孔结构使 Al_2O_3 与 CaO 反应生成的 CA_6 晶体自由生长，形成"珊瑚状"。片状结构六铝酸钙晶体在三维空间交叉生长加强了结构的稳定性，在整个结构中出现大量分布均匀的微小间隙。

图 2.15 试样断口显微结构照片（10000×）

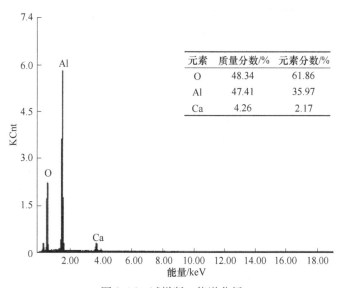

元素	质量分数/%	元素分数/%
O	48.34	61.86
Al	47.41	35.97
Ca	4.26	2.17

图 2.16 试样断口能谱分析

3 Al₂O₃-TiO₂合成耐火材料

Al$_2$O$_3$-TiO$_2$合成耐火材料中钛酸钙是重要的高温相，钛酸铝材料具有低膨胀性、高熔点和低热导率等性质，被广泛地应用在有色、钢铁、玻璃、陶瓷等领域。然而作为一种高温性能良好的结构材料，钛酸铝材料通常是由固相反应制备而成，固相反应冷却过程中，在800~1300℃的分解行为往往对钛酸铝材料的制备带来一定困难，国内外科研人员关于抑制钛酸铝材料分解行为，提高钛酸铝材料的稳定性进行了大量的研究工作。然而用于固相反应制备钛酸铝材料的原料成本也是限制了钛酸铝材料广泛应用的重要因素，因此寻找既能适合于固相反应制备钛酸铝材料，又能抑制钛酸铝材料的分解作用的原料，对于推动钛酸铝材料的更广泛应用具有重要作用。

3.1 钛酸铝

钛酸铝（Aluminium titanate），简写AT，分子式为Al$_2$TiO$_5$，分子量为181.83，熔点为1860℃。钛酸铝属斜方晶系，平均热膨胀系数为9.5E-6/℃，是著名的热膨胀系数较低的材料，钛酸铝在反复和长期的使用过程中不会出现失透现象，可以在较高温度（1460℃）下使用，还可以很好地适应高温下的氧化问题，因此具有广阔的应用前景，但其在高温煅烧时易裂，机械强度较差。此外，钛酸铝在800~1300℃下加热，容易分解成氧化物，且在1100℃分解剧烈。为此，通常加入各种添加剂，调整原料配比，及控制煅烧条件以改进上述缺点，成品用于满足耐热性及耐热冲击性能用途的要求。钛酸铝主要以离子键和共价键作为结合键，从显微结构和状态上来看，内部有晶体相和气孔，这就决定了钛酸铝具有金属材料和高分子材料所不具备的导热系数低、抗渣、耐碱、耐蚀、对多种金属以及玻璃有不浸润的优点，因此在耐磨损、耐高温、抗碱、抗腐蚀等条件苛刻的环境下具有广泛的应用，尤其是要求高抗热震的场合。

3.1.1 Al₂O₃-TiO₂二元系统相图

由Al$_2$O$_3$-TiO$_2$二元系统相图（见图3.1）可知，钛酸铝是该二元系统中唯一的化合物。

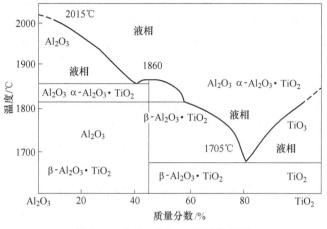

图 3.1 Al_2O_3-TiO_2 二元系统相图

从图 3.1 可以看到钛酸铝有两种晶型，即高温型（α-Al_2TiO_5）和低温型（β-Al_2O_3-$Al_2O_3 \cdot TiO_2$），转变温度为 1820℃。纯钛酸铝熔点达到 1860℃，能够在高温下使用。

钛酸铝属于斜方晶系，CmCm 群，具有和 Fe_2TiO_5 相似的晶体结构，晶胞常数为 $a=0.943nm$、$b=0.964nm$、$c=0.359nm$，$Z=4$，在晶体结构中阳离子 $Al^{3+}\sim Ti^{4+}$ 均等分布配位为 6。其晶体结构如图 3.2 所示，每个晶胞中包含 4 个钛酸铝分子，在钛酸铝晶体中 Al^{3+}、Ti^{4+} 杂乱地分布在 M_1、M_2 具有相似对称的格点上，O^{2-} 分布在 M_1、M_2 具有相似对称的格子上。在钛酸铝晶体中，围绕金属离子的

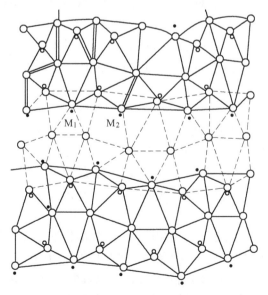

图 3.2 钛酸铝的晶体结构

配位氧离子形成八面体结构，由于 Al^{3+} 半径比 Ti^{4+} 半径小，铝氧八面体具有很大的扭曲度，在 a、b 方向上高度扭曲共边八面体形成双链，c 方向上，以 3 个共顶八面体为结构单元，形成单链，各链条在空间无限延伸，相互交叉联结，形成空间网状结构。

钛酸铝的这种空间网状结构使层内结合不稳定，层间结合较稳定。微观结构上的各向异性使它的热膨胀性也表现了各向异性，各结晶轴方向上的膨胀不等，在多晶 Al_2TiO_5 中，出现"零膨胀"或"负膨胀"的现象。此外，纯 Al_2TiO_5 陶瓷内部晶粒又按一定取向排列形成一种独特的显微结构。钛酸铝陶瓷晶粒热膨胀的各向异性使得陶瓷在降温的过程中在晶粒和晶畴的界面处产生大量的微裂纹，这些微裂纹的产生对钛酸铝陶瓷的性质产生了显著的影响。Bayer 等人在对许多种准板铁矿材料的研究基础上，在热膨胀系数与结构特征之间建立了一种定性关系。他发现在扭曲八面体的双链上（a、b 轴方向）具有最大的热膨胀系数，而在八面体的高度上（c 轴方向）具有最小的热膨胀系数。这表明钛酸铝陶瓷具有很大的热膨胀各向异性，冷却过程中局部区域产生了复杂的内应力系统，导致室温下产生严重的微裂纹化，从而表现出低的机械强度。这点也成为限制它使用范围的缺点之一，也正是这些微裂纹的存在，使钛酸铝在宏观上显示出极低的热膨胀系数，因此，材料的强度和低膨胀性成了一对相互对立的矛盾指标。

3.1.2　Al_2O_3-TiO_2 合成热力学

钛酸铝有两种稳定晶型：1820~1860℃间安定的高温型（α 型）和约 800℃以下及 1300~1820℃间安定的低温型（β 型）。在 800~1300℃ 范围内，Al_2TiO_5 不稳定，将会部分或全部分解为 α-Al_2O_3 和 TiO_2（金红石）。钛酸铝在高温阶段的不稳定的特点是它在应用中的两大缺陷之一。这种不稳定性是由于晶格中存在较大空隙所致。在钛酸铝中加入一定量的添加剂可提高钛酸铝的稳定性。这是由于：

（1）若加入的金属离子的半径较 Al^{3+} 和 Ti^{4+} 的半径大（Al^{3+} 为 0.050nm，Ti^{4+} 为 0.068nm），则当此少量金属离子取代 Al^{3+}、Ti^{4+} 而进入铝氧八面体中心时，此金属离子在平衡位置的振动空间相对来说就较小，受周围离子的束缚较强。当温度升高时，此离子虽然也获得能量，但由于结合较紧密，不易离开平衡位置，即此种离子半径较大的金属离子对钛酸铝晶格起了稳定的作用。

（2）若加入的添加剂与钛酸铝形成固溶体，并存在于钛酸铝晶界，由于晶界固溶体的存在改变了晶界的结构和性质，在钛酸铝的分解温度范围内，由于晶界和晶粒组成及结构的差异，晶粒受到包裹晶界的压力的作用，使钛酸铝晶格受到压缩，原来 Al^{3+}、Ti^{4+} 占据的铝氧八面体空间减少，因此 Al^{3+}、Ti^{4+} 的运动受到限制，束缚力加强，同样，钛酸铝晶体在压力作用下，不易受热畸变，于是钛酸铝分解困难，稳定性提高。图 3.3 所示为钛酸铝合成热力学计算结果，可以看出随着烧结温度升高，合成钛酸铝的吉布斯自由能越低，越有利于固相反应进行。

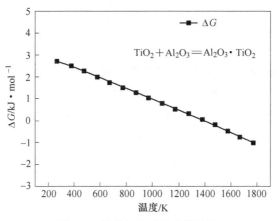

图 3.3　钛酸铝合成热力学计算

3.1.3　Al_2O_3-TiO_2 系耐火材料的合成方法

随着粉末制备技术的发展，Al_2TiO_5 粉末合成方法很多，归纳起来可以分为 3 类，即固相法、液相法和气相法。固相法难以得到高纯、超细的均匀粉末，但成本低；气相法虽然可以得到高纯、团聚少的优质粉末，但设备复杂且成本高；而液相法能够制得纯度好、较均匀的微细粉末，操作较复杂，实验室中常采用此方法。

3.1.3.1　固相法

Al_2TiO_5 的固相合成就是由等物质的量的 α-Al_2O_3 和金红石型 TiO_2 在温度高于 1300℃、氧化气氛条件下按如下反应式反应得到：

$$\alpha\text{-}Al_2O_3 + TiO_2(金红石型) \longrightarrow \beta\text{-}Al_2TiO_5$$

一般采用氧化铝粉 $[w(Al_2O_3) \geqslant 99.5\%]$，化学纯的钛白粉 $[w(TiO_2) \geqslant 98\%]$。有研究表明将两种粉末以摩尔比 2:1 混合后，配好的料在振动磨内磨细 4h，再放入球磨罐内混合 2h。混合好的料放入刚玉坩埚，在 1450℃温度下保温 2h。将此预烧过的料在球磨罐内混合 2h，即得到 Al_2TiO_5 粉。

3.1.3.2　液相法

液相法包括醇盐共水解的 Sol-Gel 法和醇盐包裹沉淀法。前一种方法是以钛酸丁酯 $Ti(OC_4H_9)_4$ 及硫酸铝 $Al_2(SO_4)_3$ 为原料，通过控制水解条件，如浓度、温度、滴加速度等，制成 Al_2TiO_5 复合超微粉末。后一种方法是以无机盐 $TiCl_4$ 和

α-Al$_2$O$_3$为原料，以氨水为 pH 调节剂，通过控制溶液的 pH、煅烧时间等来得到 TiO$_2$ 包裹 α-Al$_2$O$_3$ 的均匀微细粉末，然后把此包裹粉末在 l550℃高温下保温 lh 得到 Al$_2$TiO$_5$ 粉末。

3.1.3.3　气相法

气相法是在气溶胶反应器中，利用四氯化钛（TiCl$_4$）和三氯化铝（AlCl$_3$）高温氧化制备超细 Al$_2$TiO$_5$ 粉末。通过控制 AlCl$_3$ 和 TiCl$_4$ 的摩尔比来控制钛酸铝的生成。Akhtar K. M. 采用气相法制备了 Al$_2$TiO$_5$ 粉末，反应历程如下：

$$TiCl_4(g) + O_2(g) \longrightarrow TiO_2(s) + 2Cl_2(g)$$
$$2Al\ Cl_3(s) \longrightarrow Al_2Cl_6(g)$$
$$Al_2Cl_6(g) + 1.5\ O_2(g) \longrightarrow Al_2O_3(s) + 3Cl_2(g)$$
$$TiO_2(s) + Al_2O_3(s) \longrightarrow Al_2TiO_5(s)$$

综上所述，气相法虽然可以得到高纯、团聚更少的优质粉末，但由于设备复杂且成本高，一般很少采用。实验室最常用的方法是液相法，液相法能够制得纯度好、较均匀的微细粉末，但操作较复杂。通常固相法难以得到高纯、超细均匀的粉末，但成本低，适合于今后大规模工业化生钛酸铝材料。

3.1.3.4　影响钛酸铝材料的因素

A　添加剂对钛酸铝结构和性能的影响

钛酸铝陶瓷具有高熔点、低膨胀等优点，但同时又具有强度低易分解难烧结等缺点；钛酸铝陶瓷低膨胀是建立在微裂纹之上的，而过剩的微裂纹又势必使强度低下，为了保持材料低膨胀同时又有相当的强度，必须使裂纹尺寸和数量控制在某一适当范围内，为此必须降低 Al$_2$TiO$_5$ 本征热膨胀系数，降低其各向异性，控制晶粒晶畴尺寸。通过添加剂的引入可有效抑制粒径长大，改变钛酸铝材料性能。

MgO 是钛酸铝制备中最常用的一种添加剂，MgO 在 Al$_2$TiO$_5$ 中固溶置换出 Al$_2$O$_3$，并使得 Al$_2$TiO$_5$ 晶格常数增大。根据 MgO 加入量与 Al$_2$TiO$_5$ 晶格常数关系曲线推断，MgO 在 Al$_2$TiO$_5$ 中的固溶极限为 2.5%（质量分数）。过剩的 MgO 与置换所得 Al$_2$O$_3$ 反应生成尖晶石。它和置换出的氧化铝存在于晶界上，阻碍 Al$_2$TiO$_5$ 晶粒长大，弱化晶畴结构，降低晶界开裂，促进材料烧结有利于合成材料强化，对于 Al$_2$TiO$_5$ 来说，氧化镁还是一种良好的稳定剂，5%（质量分数）MgO 可使 Al$_2$TiO$_5$ 经受 1100℃、9h 热处理而不分解。适量的 MgO 不但可以部分或全部控制钛酸铝瓷体的热分解，而且可以提高瓷体的力学性能，对瓷体其他优异的热性能影响不大，添加氧化镁后会使材料的热胀系数略微增大，但与其他材料比较仍然较低。

Fe_2O_3 被认为是最好的添加剂之一，Fe_2O_3 作为添加剂时，在 1100℃ 左右和 TiO_2 先生成 Fe_2TiO_5，在 1350℃ 以上就可以和 Al_2TiO_5 形成固溶体，原理是 Fe^{3+} 取代部分 Al^{3+}，由于 Fe^{3+} 的半径大于 Al^{3+} 的半径，使固溶体的稳定性得到改善，抑制钛酸铝的热分解，且不影响它的低膨胀率。Fe_2O_3 的存在对钛酸铝的形成可以起催化剂的作用，能够加速钛酸铝的形成，降低合成温度。

在以合成 Al_2TiO_5 粉体为原料制取钛酸铝陶瓷过程中，ZrO_2 的引入可以显著改善材料的结构和性能。钛酸铝中添加的 ZrO_2 部分与 Al_2TiO_5 反应生成 $Al_2Ti_{1-x}Zr_xO_5$，在此固溶体中 Zr^{4+} 取代 Ti^{4+}，固溶范围是 $0 \leqslant X \leqslant 0.05$，部分仍以 ZrO_2 的形态存在。它们弥散于材料内部，分布在晶界之上，对晶界起到有效钉扎作用，有利于晶粒细化和烧结并使强度产生向上突越。ZrO_2 的添加，可以增大钛酸铝瓷体的强度，而对钛酸铝优异的热性能影响不大。

SiO_2 具有双重作用：其一为与部分 Al_2O_3 反应生成莫来石起增强作用；其二为取代钛酸铝中的部分 Al^{3+} 形成如下形式的固溶体并产生空位：$Al_{6(2-x)/(6+x)}Si_{6x/(6+x)}\square_{x/(6+x)}TiO_5$，抑制钛酸铝在冷却经过 800~1300℃ 温度范围内的分解，以达到稳定和提高钛酸铝含量的目的。

B 工艺条件对钛酸铝结构和性能的影响

早在 1952 年，Lang 等人就对 Al_2TiO_5 的热分解有所报道，他指出该化合物有两种晶型，1820~1860℃ 高温型，1300~1820℃ 和室温~800℃ 为低温型，在 800~1300℃ 不稳定易分解成金红石和刚玉。1971 年 Bayer 等指出 Al_2TiO_5 热失稳不仅和它所处温度有关，而且与该材料中晶粒尺寸和纯度有关，其后加藤、龟山等又进一步对 Al_2TiO_5 分解反应进行研究得出该反应是一个成核长大过程，其反应速率受到以下因素影响。

加藤把合成 Al_2TiO_5 粉末经不同时间球磨后所得到的不同细度的粉料于 1120℃ 热处理后发现，粉料越细越易分解。然而，如果预先将各种细度的粉料在 1310℃ 热处理 5h 后再进行热分解实验，发现各种粉料分解速度都下降了，而且粉料越细越难分解。加藤把这种现象归因于研磨和热处理对晶体结构的影响，即预处理以前粉料越细其内部和表面的缺陷越多，分解反应易于成核因而进行得越剧烈；预处理时，由于细晶在热处理过程中，离子易于重排以减少晶体缺陷降低内应力，从而尽可能多地消除分解反应活性点，此时分解反应速率下降。

钛酸铝材料的微裂纹化程度与晶粒尺寸大小有很大的依赖关系。存在一个能自发形成微裂纹的临界晶粒尺寸，当晶粒尺寸大于该临界尺寸时，在晶界就会自发形成微裂纹，而其晶粒尺寸大小与烧成温度有关。当烧成温度较低时，临界晶粒尺寸较大，微裂纹相对较少；当烧成温度较高时，临界晶粒尺寸较低，晶粒又长得较大，更易形成微裂纹，致使机械强度降低，热膨胀系数较小。

C 钛酸铝材料强度的影响因素

钛酸铝作为一种潜在的高温结构材料，强度非常低下。影响钛酸铝强度的因素很多，但主要可归纳为以下几个方面：

（1）晶粒尺寸。

钛酸铝材料内部存在大量微裂纹是该材料低机械强度的根本原因，而微裂纹的产生及大小与晶粉尺寸有很大的关系。就许多各向异性材料来说都存在一个临界晶粒尺寸 Gc，当晶粒尺寸大于临界粒径时，在晶界出现裂纹。Al$_2$TiO$_5$ 具有强烈的各向异性，故当材料中 Al$_2$TiO$_5$ 粒径大于该临界值（约 $2\sim3\mu m$）时，材料内部出现裂纹，其尺寸随 Gc 增大而增大，甚至互相贯通，严重地损害了材料的机械完整性，使材料强度和弹性模量下降，小晶粒与大晶粒相比表面结构更为疏松，冷却时易于缓冲应力；当材料的晶粒尺寸小于临界晶粒尺寸 Gc 时，不会产生微裂纹，理论上材料强度应该显著提高，可以预测此种林料在加热和冷却过程中是重复性变化，因为内部没有微裂纹不会产生滞后现象。另外，在高温区小晶粒也可以通过扩散缓冲应力，从而使得小晶粒材料内部裂纹小而且少，其强度也较高。

（2）晶畴大小。反应烧结 Al$_2$TiO$_5$ 中，一定区域内的晶粒在成核长大过程中将沿某一种轴方向整齐排列形成独特的畴结构，这些晶畴与单晶粒子相似具有极强的各向异性，冷却过程中，晶畴之间以及晶畴内部各晶粒之间出现严重开裂，对材料强度产生极大的影响，使材料强度随晶畴的长大而急剧下降。为了克服晶畴的形成，一些陶瓷研究工作者在 Al$_2$O$_3$ 和 TiO$_2$ 混合粉末中引入添加剂（如 MgO 或 Fe$_2$O$_3$）和 Al$_2$TiO$_5$ 晶种，以促使 Al$_2$TiO$_5$ 迅速成核，形成大量畴结构，从而降低畴径得到细小晶畴结构的材料，减小了材料内裂纹尺寸和密度有利于强度的提高。

（3）使用温度。多数材料随使用温度升高晶界玻璃相软化，在应力的作用下晶界滑动材料蠕变裂纹成核扩展强度下降。对于钛酸铝陶瓷来说由于 Al$_2$TiO$_5$ 晶粒强烈的热膨胀各向异性，在冷却的过程中应力导致材料内出现大量裂纹，使得室温下材料强度非常低下，然而当使用温度升高时应力减弱材料内裂纹逐渐闭合，如果温度足够高，裂纹可能完全愈合，致使材料内部缺陷减少应力集中点数目下降，强度和弹性模量增大。

3.1.4 Al$_2$O$_3$-TiO$_2$ 合成耐火材料发展与应用

稳定的钛酸铝可单独制成制品，也可与其他材料复合制成制品，有时可以加入少量钛酸铝对其他材料进行改性，也有以其为主要成分的钛酸铝基复合材料。制备的稳定化钛酸铝及其复合材料可广泛用于耐高温、抗热震、耐磨损、抗腐蚀、抗碱性等条件苛刻的环境。例如：可用于陶瓷窑炉作为窑具材料使用，从而改变我国窑具材料使用寿命低以及依赖进口的现状；可制成蜂窝陶瓷用于净化汽车尾气的催化剂载体或热交换器；总之，钛酸铝作为优质高温结构材料备受国内外材料科学工作者的关注。通过合理选择添加剂、原料组成及工艺，控制材料组织结构可实现对材料性能的优化。

日本岐阜大学 Teruaki Ono 利用声呐发射研究了低热膨胀率的钛酸铝结合莫来石材料。低热膨胀率的钛酸铝增强了莫来石复合材料的强度，通过对钛酸铝结合莫来石材料冷却过程中热收缩率和热膨胀率的演变规律可以发现，室温下试样的弯曲强度和裂缝大小呈线性关系，相关性极高（$r = 0.993$）。日本名古屋工业大学材料科学与工程学院科研人员研究了钛酸铝陶瓷在特定温度下的力学性能。研究发现烧结后的个别钛酸铝晶粒在冷却期间发生各向异性，出现大量晶间微裂纹，极大地限制了多晶型钛酸铝的力学性能。课题研究了钛酸铝陶瓷在特定温度下的力学性能，并观察了试样的微观形态。钛酸铝的抗折强度和断裂硬度随着烧结温度的升高而显著增强；分析认为钛酸铝陶瓷的断口存在应力分布和独特的微观结构，随着热处理温度的升高试样的 FPZ 值降低。日本筑波大学科学工程学院 Taiki Hono 研究了存在显气孔的反应烧结 Al_2TiO_5 材料及其微观结构，讨论了不同初始粉体（商业级 $\alpha-Al_2O_3$、$\gamma-Al_2O_3$、锐钛矿和金红石粉体）以及不同烧结温度（1300~1500℃）对反应烧结产物的影响。研究发现以 $\gamma-Al_2O_3/TiO_2$ 金红石粉体为原料所制备的试样经 1350℃ 烧后可以形成 $0.8\mu m$ 的微小气孔，适于用于制备家庭水净化过滤器；同时通过反应烧结法可以制备结构均一的、具有显气孔的以及微小气孔分布的 Al_2TiO_5 材料。

澳大利亚科研人员 I. M. Low 研究了钛酸铝热稳定性行为，研究表明 Al_2TiO_5 的热稳定性受温度和大气压的剧烈影响，但 Al_2TiO_5 的热不稳定性不随大气压的变化而变化。澳大利亚科研人员 C. G. Shi 研究了锂辉石对钛酸铝的烧结和致密化的影响。采用 β-锂辉石（$Li_2O \cdot Al_2O_3 \cdot 4SiO_2$）作为液相烧结有助于钛酸铝陶瓷结构更加致密。使用 XRD 和 DTA 表征锂辉石对钛酸铝的相位变化、烧结和致密化行为的影响。研究结果表明锂辉石的存在明显减少钛酸铝内部的气孔并提高致密度。从硅线石的形成可以看出，锂辉石的添加量（质量分数）为 5% 甚至更多时，含锂辉石的钛酸铝陶瓷不但增强硬度还具有良好的热力学性能。澳大利亚科研人员 P. Manurung 研究了 β-锂辉石对 $Al_2O_3-Al_2TiO_5$ 系统相组成的影响。采用中子衍射分析法和差热分析法，在 1000~1400℃ 分析 β-锂辉石对 $Al_2O_3-Al_2TiO_5$ 系统的相组成的影响。研究结果表明 β-锂辉石在 1290℃ 部分熔融并产生相位差，开始分解，在 1330℃ 熔融结束。在 1310℃ 可以观察到 Al_2TiO_5 形成，随着温度的升高试样含量增大。添加 β-锂辉石作为烧结助剂不会与氧化铝或金红石反应形成其他物相。β-锂辉石的添加量（质量分数）超过 5% 产生明显玻璃化现象，冷却至室温试样局部发生重结晶。Al_2TiO_5 的形成温度和 β-锂辉石的熔融温度与示差分析结果一致。

匈牙利潘诺尼亚大学 T. Korim 研究了 Mg^{2+} 和 Fe^{3+} 对钛酸铝形成机理的影响。试样经热处理产生结晶相，并在 20~1500℃ 的 XRD 衍射室下鉴定物相组成。在 Al_2TiO_5 形成期间（1000~1350℃）存在的 Mg^{2+} 和 Fe^{3+} 使其生成过渡相。研究发现添加 MgO，生成的过渡相的化学组成为 $Mg_{0.3}Al_{1.4}Ti_{1.3}O_5$，$Mg^{2+}$ 或 Fe^{3+} 进入 Al_2TiO_5 晶格（即含 Mg^{2+} 和 Fe^3 的固溶体）决定 Al_2TiO_5 陶瓷的晶格常数。

印度结构陶瓷学会 I. Hubert Joe 用红外光谱研究溶胶—凝胶法制备的钛酸铝在高温作用下的相形成规律。课题组采用红外光谱研究钛酸铝前驱体凝胶的形成特性，通过在 30~1400℃ 范围内加热凝胶，分析光谱可以得出，Al-O 八面体和 Al-O 四面体直到温度升高到 800℃ 才出现。高于 800℃，Al-O 四面体减少，在 1050℃ 消失。α-Al_2O_3 和金红石在 1000℃ 生成，钛酸铝在 1300℃ 生成。钛酸铝中发现 Al-O 八面体。

Giovanni Bruno 研究了稳态钛酸铝的微观和宏观热膨胀性。以烧结氧化铝、金红石、碳酸锶、碳酸钙和二氧化硅为原料和添加剂制备了钛酸铝材料，研究表明所有晶向中 c 轴处的 AT 处于压制状态，基于此分析可以有效地减小热膨胀率、提高应变能力。印度尼西亚 Sepuluh 理工大学 Suminar Pratapa 研究了以方镁石为添加剂的钛酸铝刚玉质功能材料的显微结构。研究表明含有方镁石固溶体的分解速度比纯钛酸铝的分解将近慢 3 倍。

美国北达科他州立大学 Samar Jyoti Kalita 研究了纳米级复合材料 Al_2TiO_5-Al_2O_3-TiO_2 系统的结构、力学性能和生物活性。研究了新型纳米级复合材料 Al_2TiO_5-Al_2O_3-TiO_2 用作骨修复生物材料。首先，采用溶胶凝胶法合成纳米级 Al_2O_3-TiO_2 复合粉体。粉体经冷压并在 1300~1500℃ 下进行烧结制备纳米级 Al_2TiO_5-Al_2O_3-TiO_2 复合材料。试样继续在纳米结构状态下烧结，晶粒呈不规则形态。试样在高温下烧结晶粒长大出现明显微裂纹。随着温度升高 β-Al_2TiO_5 的衍射峰强度增大。β-Al_2TiO_5 的含量从 1300℃ 的 91.67% 升到 1500℃ 的 98.83%。β-Al_2TiO_5 经 1300℃、1400℃ 和 1500℃ 烧后的体积密度分别为 3.668g/cm^3、3.685g/cm^3 和 3.664g/cm^3。纳米晶粒结构提高试样的抗折强度，达到 43.2MPa。模拟体液评估试样的生物活性和生物力学性能，可观察到纳米复合材料的表面有磷灰石晶体生成，晶体内存在钙离子和磷离子。研究结果表明纳米级 Al_2TiO_5-Al_2O_3-TiO_2 复合材料具有良好的生物相容性和生物活性。美国威斯康星大学物理与天文系 J. S. Tobin 通过温度诱变的方法改变了 TiO_2-Al_2O_3 纤维的形态和结构，该课题对溶胶—凝胶和高分子聚合物进行静电纺丝生产直径为 200~800nm 的钛酸铝纤维，并在不同温度下进行烧结。研究发现随着烧结温度的升高，钛酸铝纤维的平均直径减小，温度升高到 800℃，纤维呈锐钛矿结构，在 900℃ 为锐钛矿和金红石相的混合体。试样的烧结温度在 700~900℃ 范围内比表面积下降，同时发生相变（锐钛矿转变成金红石）和晶粒长大现象。

西班牙皇家研究院 Amparo Borrell 对高浓度的双峰氧化铝/二氧化钛悬浮液放电等离子体烧结和电位差方面进行研究，并分析了 $Al_2O_3 - Al_2TiO_5$ 复合材料微裂纹机理。通过对亚微米氧化铝和二氧化硅粉体进行注浆成型和反应烧结制备 $Al_2O_3 - Al_2TiO_5$ 复合材料的研究，发现厚的 $Al_2O_3 - Al_2TiO_5$ 薄膜（亚微米氧化铝粉体和纳米二氧化钛粉体的混合物）需要进行预处理，然后采用传统和非传统（放电等离子体烧结）工艺进一步烧结。在恒定电流密度条件下，使用石墨基板通过水电泳沉积制备薄膜，经 1300~1400℃ 烧结后可以得到足够致密的反应烧结材料。该研究机构还进一步研究了放电等离子体烧结反应制备 $Al_2O_3 - Al_2TiO_5$ 复合材料，通过优化试验制备了致密的氧化铝和 40%（体积分数）的钛酸铝的复合材料，该类材料可以在低温条件下（1250~1400℃）通过放电等离子体烧结快速反应烧结法进行制备。从致密性上可以看出，试样接近理论密度（>99%）；从相组成上可以看出钛酸铝的形成温度为 1300℃。与其他文献相比，经 1350℃ 烧后该复合材料试样维氏硬度、抗折强度和断裂韧性显著提高，分别为 24GPa、424MPa 和 5.4MPa·$m^{1/2}$。

伊朗的 Sh. Mohseni Meybodi 以氧化铝和二氧化钛粉末为原料制备了 $Al_2O_3 - 20\%$ Al_2TiO_5 复合材料，并分析了材料的微观性能和力学性能。该研究首先通过球磨法将纳米级原料分散成纳米颗粒，再进行压制成型，在 1300℃、1400℃、1500℃ 的无压力情况下烧结 2h，通过反应烧结方法将氧化铝和二氧化钛纳米粉体制备出了 $Al_2O_3 - 20\%$ Al_2TiO_5 复合材料，结果表明随着温度的升高，$Al_2O_3 - Al_2TiO_5$ 复合材料的平均粒径增大，Al_2TiO_5 和 Al_2O_3 晶粒间存在特有的界面，在晶界处的钛酸铝晶粒优先分布；经 1300℃、1400℃ 和 1500℃ 烧后的试样硬度分别达到 4.8GPa、6.2GPa 和 8.5GPa。

国内研究主要集中在福州大学、浙江大学、南京工业大学、山东科技大学等高校和科研机构，如福州大学材料科学与工程学院沈阳研究了 SiO_2 矿化剂对钛酸铝材料结构与性能的影响，设计了以铝型材厂污泥为主原料合成 Al_2TiO_5 材料，在合成的 Al_2TiO_5 中添加少量 SiO_2 矿化剂，与 Al_2TiO_5 形成固溶体，抑制 Al_2TiO_5 的分解，达到提高 Al_2TiO_5 热稳定性的目的。分析结果表明较佳 SiO_2 矿化剂添加量为 2%，较佳烧结温度为 1450℃，对应抗折强度为 44.3MPa，体积密度为 3.28g/cm^3，气孔率为 6.3%，吸水率为 1.9%，热震后抗折强度保持率为 84.2%。

福州大学材料科学与工程学院王成勇研究了 ZrO_2 矿化剂对钛酸铝材料结构与性能的影响，利用铝型材厂污泥合成的 Al_2TiO_5 中添加少量 ZrO_2 矿化剂，ZrO_2 矿化剂与 Al_2TiO_5 形成置换固溶体，能抑制 Al_2TiO_5 的分解，增加 Al_2TiO_5 含量和提高 Al_2TiO_5 的热稳定性。分析结果确定较佳 ZrO_2 矿化剂添加量为 2%，对应的抗折强度为 35.32MPa，体密度为 2.86g/cm^3，气孔率为 23.0%，吸水率为 8.1%，热震后抗折强度保持率为 84.2%。福州大学林寿等人研究了 MgO，ZrO$_2$ 和 N$_2$O$_5$ 矿化剂对钛酸铝分解晶相、动力学和性能的作用机理。研究发现 MgO 矿化剂能与 Al$_2$TiO$_5$ 形成 Al$_{2-y}$Mg$_{x+y}$Ti$_{1-x}$O$_{5-0.5x-y}$ 固溶体，能有效地抑制 Al$_2$TiO$_5$ 的分解，能显著提高材料的热稳定性，能明显提高钛酸铝材料的抗折强度。钛酸铝分解反应过程符合一级反应动力学方程。研究发现 ZrO$_2$ 矿化剂能与 Al$_2$TiO$_5$ 形成 Al$_{2-x}$Zr$_{x+y}$Ti$_{1-y}$O$_5$ 固溶体，能抑制钛酸铝的分解和提高其热稳定性（但矿化效果不如 MgO），能明显提高材料体积密度和降低显气孔率。添加少量 V$_2$O$_5$ 能在 670℃ 形成稳定的液相，能促进试样的烧结和提高试样的抗折强度，但不能有效地抑制钛酸铝的分解。

浙江大学材料科学与工程学系周林平研究了低温非水解溶胶—凝胶法制备钛酸铝，应用 TG、DTA、XRD 和 Fl-IR 和 TEM 等测试手段研究了凝胶热处理过程中的相变化以及非水解溶胶—凝胶的反应过程和生成粉末的微观结构。结果表明无水乙醇作氧供体制备的凝胶可在 750℃ 直接合成钛酸铝，比固相法合成大大降低了温度。随着热处理温度的升高，钛酸铝粒子的尺寸逐渐变大，形貌也更加完整。浙江大学材料科学与工程学系周林平研究了固相法合成与改性钛酸铝，设计了一系列对比实验，以三氧化二铝和锐钛矿型二氧化钛为基本原料，研究了复合添加剂氧化铈和氧化镁对钛酸铝合成与稳定的影响，探讨了复合添加剂对钛酸铝的稳定机理，并在合成的基础上，对钛酸铝材料进行了烧结后性能测试，结果表明，复合添加剂能使钛酸铝材料保持较好的综合性能，氧化镁比氧化铈对钛酸铝的合成及稳定具有更好的作用，烧结后钛酸铝材料保持低热膨胀系数。浙江大学材料系徐刚研究了钛酸铝材料的结构、热膨胀及热稳定性，详细回顾了关于钛酸铝材料结构、热膨胀和热稳定性的研究。Al$_2$TiO$_5$ 属于正交晶系假板铁矿结构。其晶格热膨胀各向异性行为，导致多晶铁酸铝陶瓷材料的微裂纹化，从而具有低膨胀、低热导率和优良的抗热震性等特性。但 Al$_2$TiO$_5$ 低温下属于动力学稳定态，当温度低于 128℃ 易于分解为 α-Al$_2$O$_3$ 和金红石型 TiO$_2$。引入异质同构的化合物 Mg Ti$_2$O$_5$ 或 Fe TiO$_5$ 固溶于 Al$_2$TiO$_5$ 晶格，可以降低热力学分解温度和增加结构墒，有效地抑制 Al$_2$TiO$_5$ 的分解。Al$_2$TiO$_5$ 在还原气氛下的分解机理上不明确，需要进一步的研究。浙江大学徐刚研究了含 Fe 钛酸铝固溶体粉体的合成，设计了以工业级 α-Al$_2$O$_3$、TiO$_2$ 和 Fe$_2$O$_3$ 为原料，利用固相反应法合成含 Fe 钛酸铝固溶体粉体（Al$_{2(1-x)}$Fe$_{2x}$TiO$_5$），并利用 X 射线衍射表征粉体的相组成，研究了 Fe$_2$O$_3$ 的引入量对钛酸铝固溶体相形成的影响。结果表明，Fe 的固溶使钛酸铝的晶格参数增大，并对钛酸铝的合成起着重要作用。优先形成的 Fe$_2$TiO$_5$ 作为晶核，促进了钛酸铝的合成，使得钛酸铝的初始形成温度和纯相合成温度大大降低。浙江大学徐刚研究了添加钾长石对镁掺杂钛酸铝陶瓷烧结及热膨胀行为和抗弯强度的影响，设计了以镁掺杂钛酸铝固溶体粉体为原料，钾长石为烧结助剂制备了具有较高强度的低膨胀钛酸铝陶瓷。研究结果表明：钾长石的引入促进了镁掺杂钛酸铝陶瓷的烧结。引入 8%钾长石，经 1440℃保温 4h 烧结制备的钛酸铝陶瓷相对密度可达 94%，具有较低的热膨胀系数 0.94×10^{-6}/℃（室温~1000℃）和相对较高的抗弯强度 44MPa。浙江大学材料科学与化学工程系周林平研究了复相陶瓷性能。钛酸铝是目前所知唯一集低膨胀和耐高温于一体的结构材料。以 CeO$_2$ 和 MgO 为添加剂，对钛酸铝陶瓷进行复相改性。用万能材料试验机和扫描电镜等研究了材料的体积密度、热膨胀系数、力学性能和显微结构等。结果表明 CeO$_2$ 和 MgO 可以有效地改善钛酸铝复相陶瓷的各种性质，且添加（4%~6%）CeO$_2$+9% MgO 的钛酸铝复相陶瓷经 1450℃烧结 2h 就可以获得较好的综合性能。

中国海洋大学张超等人以氧化铝和二氧化钛为原料，通过预合成粉体，利用凝胶注模成型和干压成型方法制备了钛酸铝陶瓷。研究发现钛酸铝的最佳烧成温度是 1450℃，保温时间 4h。添加 5%的氧化镁促进了钛酸铝的生成，减少钛酸铝热分解。随着温度的升高，体积密度、抗弯强度、热膨胀系数都逐渐减小。采用50%固相含量浆料凝胶注模成型所得到的坯体，在 1500~1550℃下烧结，保温2h，均能得到抗弯强度大于 38.5MPa、热膨胀系数低于 1.6×10^{-6}/℃的高抗热震钛酸铝陶瓷；所得到钛酸铝陶瓷的最高强度为 50MPa，最小膨胀系数为0.7×10^{-6}/℃。

景德镇陶瓷学院徐志芳等人研究了以金属铝为铝源低温制备钛酸铝粉体的技术。该研究以铝粉和四氯化钛为前驱体原料，采用非水解溶胶—凝胶法，结合回流和容弹两种不同凝胶化工艺低温下合成了钛酸铝粉体。研究发现采用无水乙醇和 AlCl$_3$ 为氧供体和催化剂，经 80℃回流 24h 形成凝胶、750℃低温煅烧可以合成钛酸铝粉体。在钛酸铝凝胶化过程中采用容弹工艺可以形成辅助压力场，750℃煅烧后可以获得粒径 20~30nm、均匀分散的钛酸铝粉体。钛酸铝粉体压制成型后在空气气氛下 1450℃下烧结 2h，烧后制品抗折强度为 14.3MPa，吸水率为 1.9%，显气孔率为 6.3%。

长安大学孙志华等人研究了纳米 Fe$_2$O$_3$ 对钛酸铝陶瓷热稳定性能的影响。该研究以溶胶—凝胶法制备的钛酸铝前驱体，在不同温度煅烧保温 2h 制备出钛酸铝固溶体 [Al$_{2(1-x)}$Fe$_{2x}$TiO$_5$]。研究发现纳米 Fe$_2$O$_3$ 很容易与 Al$_2$TiO$_5$ 反应，形成固溶体，抑制钛酸铝陶瓷的热分解。随着纳米 Fe$_2$O$_3$ 加入量的增加，Al$_{2(1-x)}$Fe$_{2x}$TiO$_5$ 的晶格常数变大，热分解率降低，但当加入量超过 10%时，Al$_{2(1-x)}$Fe$_{2x}$TiO$_5$ 的晶格常数不变甚至减小，热分解率反而会增大；纳米 Fe$_2$O$_3$ 作为添加剂可改善钛酸铝陶瓷的热分解性能。煅烧温度对钛酸铝的热分解率有很大影响，随着温度升高，热分解率降低，当温度大于 1350℃时，钛酸铝陶瓷晶格常数保持不变，钛酸铝陶瓷的热分解率变化不大。

首钢京唐钢铁联合有限责任公司徐志荣等人研究了熔融铝对钛酸铝陶瓷的腐蚀作用。该研究以 Y$_2$O$_3$ 和 Nb$_2$O$_3$ 为添加剂，在1500℃条件下煅烧2h制成了钛酸铝陶瓷，该陶瓷相对密度均在93%以上，制品具有很强的耐熔融铝腐蚀性能。在耐蚀试验后的熔融铝和钛酸铝陶瓷界面生成的尖晶石层起到了保护层的作用。添加 Nb$_2$O$_3$ 的钛酸铝材料，在800℃条件下耐蚀性能下降。

上海交通大学刘泳良等人研究了平板式 Al$_2$TiO$_5$ 复合封接材料。该研究采用空气反应钎焊技术封接连接体 SUS430 和阳极 Ni-YSZ 支撑固体氧化物燃料电池。研究发现 Al$_2$TiO$_5$ 颗粒在复合钎料中分布均匀，接头性能得到了提高，Al$_2$TiO$_5$ 颗粒能促进 CuO 向界面迁移，通过增加其含量并减少 CuO 含量有望提高焊缝的抗氧化能力。研究人员通过研究氧化铝复合耐火材料和含 Al$_2$TiO$_5$ 的富铝尖晶石复合耐火材料的抗热震性。研究发现 AZT 陶瓷材料是由 95%Al$_2$O$_3$、2.5%ZrO$_2$ 和 2.5%TiO$_2$ 制备的，1650℃烧后陶瓷材料具有较好的抗热震性，而1200℃热震循环1次和5次后试样的强度比烧后的原始强度高。在富铝尖晶石中添加12%预合成的 Al$_2$TiO$_5$ 可以提高试样的抗热震性。

山东科技大学马爱珍等人研究了 Al$_6$Si$_2$O$_{13}$ 晶须和 TiC 颗粒复合强化多孔 Al$_2$TiO$_5$ 基复合材料。研究发现 TiC 和 Al$_6$Si$_2$O$_{13}$ 分别以规则颗粒状和晶须形态存在于 Al$_2$TiO$_5$ 基体中，TiC 颗粒与 Al$_6$Si$_2$O$_{13}$ 晶须通过细化显微组织、裂纹偏转和晶须桥连机制，起到协同强化作用。山东科技大学李书海等人以 γ-AlOOH、TiO$_2$ 和 SiC$_w$ 为原料，研究了 SiC$_w$ 对反应烧结多孔 Al$_2$TiO$_5$-SiC$_w$ 复合材料的影响。研究发现反应产物中主要物相有 Al$_2$TiO$_5$、Al$_6$Si$_2$O$_{13}$、TiC 和 SiO$_2$。SiC$_w$ 可全部与 TiO$_2$ 反应生成 TiC 和 SiO$_2$。添加 SiC$_w$ 显著细化了 Al$_2$TiO$_5$ 基复合材料的微观组织，生成的细小规则的 TiC 晶粒和存在于 Al$_2$TiO$_5$ 晶界处的 Al$_6$Si$_2$O$_{13}$ 有利于抑制 Al$_2$TiO$_5$ 晶粒长大，提高其抗压强度。山东科技大学科研人员利用淀粉制备了多孔钛酸铝莫来石陶瓷并表征其抗腐蚀性。课题采用玉米淀粉作为固化剂，结果表明含10%（质量分数）玉米淀粉添加剂的 AT-M 多孔陶瓷的抗弯强度为11.5MPa，显气孔率约为54.7%，孔径分布范围为 1~15mm；加热10h的 H$_2$SO$_4$ 溶液和 NaOH 溶液的质量损失分别从 1.03%、4.39 降到 0.36%、2%，在酸性条件下试样的烧结温度为1450℃时，AT-M 多孔陶瓷的抗腐蚀性最佳。山东科技大学材料科学与工程学院徐国刚通过原位形成莫来石晶须制备了多孔 Al$_2$TiO$_5$ 陶瓷。课题分别使用 γ-AlOOH、TiO$_2$、SiO$_2$ 和 AlF$_3$ 作为原料，Fe$_2$O$_3$ 作为改性剂通过反应烧结法生成莫来石晶须，当莫来石试样中添加该原料时，多孔陶瓷的显气孔率增大，从33.3%到45%~52%，抗压强度高于11MPa；在 Al$_2$TiO$_5$ 基多孔陶瓷气孔中原位合成的莫来石晶须（直径为 0.5~0.6μm，长度为 6~8μm）形成连锁结构，有利于提高多孔陶瓷的强度和比表面积。

中国电子材料研究实验室研究了通过溶胶凝胶法提高 Al$_2$O$_3$-TiO$_2$ 复合薄膜的

电容性能。TiO_2 通常被引入铝电解电容器的介电层，通过形成 Al_2O_3-TiO_2 复合薄膜提高电容性能。研究发现增大电容、升高 TiO_2 的结晶温度会导致一定程度的缺陷，而通过引入腐蚀的铝箔作为介质层，添加 TiO_2 试样比不添加 TiO_2 试样的单位电容多 24%，与仅使用乳酸作为双螯合剂的 TiO_2 试样相比单位电容多 11%。

浙江大学材料科学与工程学院研究了胶凝胶法制备大气孔的单片钛酸铝工艺。使用聚氧乙烯诱导相位分离、甲酰胺控制 Al_2O_3-TiO_2 系统凝胶化。适量的聚氧乙烯和甲酰胺促进连续大气孔结构和单片钛酸铝干凝胶的形成。干凝胶的气孔大小为 2~3μm，气孔率高于 60%。干凝胶呈不定型状态，经 1300℃ 热处理后完全转化成单相的 Al_2TiO_5。经热处理的骨架变得光滑，大气孔结构保持完整。

哈尔滨工业大学科研人员研究了原位氧化铝/钛酸铝复合材料的滑动磨损特性。研究发现氧化铝粉末和二氧化钛粉末可以通过放电等离子烧结制备原位氧化铝/钛酸铝复合材料；在相同的标准载荷下，纳米级复合材料的磨损程度比微米级复合材料要高；纳米级复合材料易出现晶界断裂、晶粒错位的情况，而微米级复合材料经表面反应生成的层状结构易发生塑性变形。两种不同的机制控制着两种不同的行为变化，纳米级复合材料为断裂机理、微米级复合材料为摩擦化学反应机理。哈尔滨工业大学材料科学与工程学院科研人员研究了放电等离子烧结法制备纳米级原位多孔氧化铝/钛酸铝陶瓷型复合材料。研究结果表明，在多孔氧化铝/钛酸铝陶瓷型复合材料中同样分布着大量气孔，具有良好的力学性能。

济南大学材料科学与工程学院李伟针对 TiO_2/Al_2O_3 纳米复合材料的表面改性进行了研究，获得了一种可提高其抗摩擦性能的新方法。课题组采用水热法和原位改性丙烯酸制备 TiO_2/Al_2O_3 纳米复合材料，分析发现改性 TiO_2/Al_2O_3 纳米复合材料的平均粒度为 80nm 左右，呈均匀分布状态。试样经几周润滑油的浸泡，改性 TiO_2/Al_2O_3 纳米复合颗粒分散开来。与之前制备好的纳米颗粒相比，由于试样通过表面改性导致改性后的 TiO_2/Al_2O_3 纳米复合颗粒分散稳定性显著提高，通过傅里叶红外光谱分析确定试样生成共价键。济南大学科研人员研究了 Al_2O_3-TiO_2 复合材料的制备工艺。随着 Al_2O_3/TiO_2 的摩尔比从 0.1:1 到 7:1，铵矾溶液上方悬浮着锐钛矿微粒。对悬浮液和粉料进行喷雾干燥得到 Al_2O_3-TiO_2 复合粒子。研究结果表明，试样经过喷雾干燥后，锐钛矿颗粒表面生成铵矾层，形成粒度较大的复合前驱体。复合前驱体经烧制后，铵矾热解成不定型 Al_2O_3 和锐钛矿变体并进入金红石。生成的这两种物质主要用于观察试样粒度的减小和复合粒子的致密度。原位生成的 α-Al_2O_3 和金红石可能很活泼，在 1150℃ 形成钛酸铝，比通过固相反应形成的 Al_2TiO_5 的理论温度低 130℃ 左右。α-Al_2O_3 与金红石在铵层和钒层间开始反应，主要发生在通过喷雾干燥形成的单个粒子。在复合粉体中，Al_2O_3 与 TiO_2 的摩尔比影响着最终结晶相，但对其化学计量比无影响。

　　南京工业大学科研人员研究了向 Al_2TiO_5-TiO_2-SO_2 蜂窝陶瓷掺杂稀土后制备过程及性能。通过相试样中掺杂 CeO_2 和 Er_2O_3，并压制成型制备性能较高的 Al_2TiO_5-TiO_2-SO_2 蜂窝陶瓷，主要研究添加 CeO_2 和 Er_2O_3 对 ATS 陶瓷的机械强度、热稳定性和烧结温度的影响。使用扫描电镜和 XRD 衍射仪对试样进行微观结构分析。试验结果表明，试样中添加 CeO_2 和 Er_2O_3 能抑制晶粒长大、使其粒度均一，最终降低烧结温度同时机械强度和热稳定性显著提高；向 ATS 陶瓷中添加 0.5% CeO_2 和 0.5% Er_2O_3 并在 1250℃ 下烧结，试样的弯曲强度达到 177.4MPa，25~1000℃ 下的热膨胀系数为 3.8×10^{-6}/℃。南京工业大学科研人员研究了添加 TiO_2 的多孔 Al_2O_3/TiO_2 薄膜支撑体的特性影响。先后使用压制法和热处理法制备由氧化铝和二氧化钛组成的管状多孔陶瓷支撑体。经 1400℃ 烧后得到气孔率为 41.4%、平均粒度为 $6.8\mu m$ 和机械强度为 32.7MPa 的 Al_2O_3/TiO_2 复合材料支撑体。试样中 Al_2TiO_5 的含量对支撑体性能的影响极大，尤其是机械强度。经 2h、1400℃ 烧后的复合材料（85% Al_2O_3/15% TiO_2）具有较高的磁导率（纯水通量为 $45m^{-3}\cdot m^{-2}\cdot h^{-1}\cdot bar^{-1}$），也具有良好的抗腐蚀性，避免热氢氧化钠溶液和热硝酸溶液的侵蚀。南京工业大学科研人员研究了 Al_2O_3-TiO_2 复合薄膜的过滤性能。陶瓷薄膜表面性能的研究有助于改善其过滤性能。课题组主要研究薄膜表面性能对过滤性能的影响。采用固相烧结法制备平均孔径为 $0.2\mu m$ 的 Al_2O_3-TiO_2 复合微滤薄膜。测定试样的动力学接触角、多孔陶瓷薄膜的表面润湿性和表面电荷性能。研究结果表明添加 TiO_2 提高了薄膜的亲水性，使等电位点趋向于较低的 pH 值。为检测过滤性能，Al_2O_3 薄膜和 Al_2O_3-TiO_2 薄膜可分离含油废水。薄膜表面和油珠间的流动形成强烈的膜污染。通过对 Al_2O_3-TiO_2 复合薄膜的研究可以得出试样的渗透通量很稳定，这说明油废水的过滤和油珠的过滤相似，都是通过提高薄膜的亲水性改善薄膜的过滤性能。

　　东北大学科研人员研究了添加剂对钛酸铝陶瓷的影响。通过烧结反应添加不同的添加剂（MgO、SiO_2 和 Fe_2O_3）制备钛酸铝陶瓷，研究发现添加 MgO、SiO_2、Fe_2O_3 或其他化合物有利于降低钛酸铝的气孔率、提高机械强度和抗热震性。合理使用添加剂促进烧结过程、新相的形成，影响钛酸铝陶瓷的晶格常数 c。

　　综上所述，虽然 Al_2TiO_5 材料具有低强度易分解等缺点，但它却包含了其他高温材料不可兼得的低膨胀性和耐高温性，所以作为一种潜在优质高温结构陶瓷，受到世人关注。自从其发现以来，科学工作者对 Al_2TiO_5 作出大量研究，不论在理论上还是在实践技术上都有突破，但为了使 Al_2TiO_5 得到更广泛的应用，科学工作者必须进一步对以下两个问题进行深入探讨。首先，如何更好地克服钛酸铝低膨胀与低强度之间的矛盾，即为了得到低膨胀必须使材料内存在裂纹，而提高材料强度又要求裂纹尺寸必须尽量小，数量尽量少之间的矛盾。其次，如何提高钛酸铝陶瓷的抗分解性，尤其是 800~1300℃ 之间的分解老化。

3.2 合成温度对钛酸铝的影响

本节是在分析了铁合金厂铝热法制备金属钛的工艺基础上，探索研究利用制备金属钛的工业副产品铝钛渣作为制备钛酸铝材料的主要原料，铝钛渣中主要化学组成为氧化铝和氧化钛，杂质氧化物既能降低钛酸铝材料的固相反应烧结温度，同时又能部分抑制钛酸铝材料的分解作用。以锦州铁合金厂铝钛渣为主要原料，通过固相反应烧结法制备钛酸铝材料，主要研究煅烧温度对钛酸铝材料常温性能、材料相组成、主晶相晶格常数、结晶度以及钛酸铝材料微观结构的影响。

3.2.1 原料

试验用主要原料为铁合金厂铝钛渣和锐钛矿型钛白粉，铁合金厂铝钛渣化学组成见表3.1，试验选用的锐钛矿型钛白粉中二氧化钛（质量分数）大于99%。

表3.1 原料化学组成（质量分数） （%）

原料	SiO_2	Al_2O_3	MgO	CaO	Fe_2O_3	TiO_2
铝钛渣	5.15	66.92	6.65	6.62	0.40	12.16

3.2.2 制备

试验按钛酸铝中氧化铝和二氧化钛的理论组成及原料的化学组成配料，基础配方为铝钛渣71.5%、钛白粉28.5%。按配方要求，将各份物料置于湿磨机中，湿磨5h。湿磨后物料在110℃条件下干燥12h，干燥后物料采用机压成型方法成型，成型压力50MPa。成型后试样经110℃保温2h干燥后，分别在1300℃、1350℃、1400℃、1450℃和1500℃条件下，保温2h烧成，试样编号分别为No.1~No.5。

3.2.3 表征

用Y-2000型X射线衍射仪（Cu靶$K_{\alpha 1}$辐射，电压为40kV，电流为40mA，扫描速度为4°/min）分析不同温度煅烧后各配方试样的矿物相组成。并利用X'Pert Plus软件对烧后试样XRD图谱进行拟合处理，计算各配方试样主晶相钛酸铝的晶胞常数、晶胞体积以及合成钛酸铝材料的相对结晶度和分解率。用日本电子JSM6480 LV型SEM扫描电镜观察不同温度煅烧后试样断口的微观结构及组织形貌。用阿基米德法测量烧后试样的体积密度和显气孔率。

钛酸铝的稳定性用试样烧成后分别在1400℃、1450℃、1500℃保温2h后的热分解率来表征：在试样XRD衍射图谱上测定AT晶体（023）晶面和金红石晶体（101）晶面的衍射峰面积分别为 I_{AT} 和 I_T，然后计算铁酸铝的分解率：AT 的热分解率$=I_T/(I_T+I_{AT})\times100\%$。

3.2.4 煅烧温度对合成钛酸铝材料性能的影响

3.2.4.1 煅烧温度对钛酸铝材料相组成的影响

图 3.4 为经 1300℃、1350℃、1400℃、1450℃ 和 1500℃ 烧后的 No.1~No.5 钛酸铝材料 XRD 图。从图中 1300℃ 烧后的 No.1 钛酸铝材料试样的物相组成分析，试样主要包括钛酸铝相和金红石相，其中钛酸铝相主衍射峰强度较弱，而金红石相主峰相对较强。随着煅烧温度的升高，从 No.2~No.5 试样 XRD 图中金红石的主衍射峰强度逐渐减弱，而钛酸铝相的主衍射峰强度呈逐渐增强趋势。

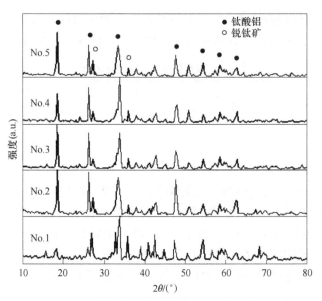

图 3.4 不同温度煅烧合成钛酸铝材料 XRD 图

分析认为，升高煅烧温度有利于提高合成钛酸铝材料的固相反应速度，铝钛渣中杂质氧化物与合成的钛酸铝易形成置换或间隙固溶体结构，减弱钛酸铝材料冷却过程中的分解作用。合成钛酸铝材料中杂质氧化物对形成固溶体及钛酸铝结构中缺陷可以通过对合成钛酸铝材料中主晶相钛酸铝的晶格常数和晶胞体积的影响进行间接评价。

3.2.4.2 煅烧温度对主晶相钛酸铝晶格常数的影响

煅烧温度的升高促进了钛酸铝材料的固相反应，为进一步说明煅烧温度对固相反应合成钛酸铝结构的影响，试验通过对烧后试样的 XRD 图中主晶相钛酸铝的特征峰进行拟合，结合特征峰对应的不同晶面间距 d 值，计算出钛酸铝材料中主晶相钛酸铝的晶格常数及晶胞体积。利用 X'Pert Plus 软件计算的主晶相钛酸铝晶格常数见表 3.2。

表 3.2 钛酸铝相晶格常数

| 煅烧温度/℃ | 晶格常数/nm | | | 晶胞体积 |
	a	b	c	v/nm^3
1300	0.35824	0.93934	0.95380	0.32096
1350	0.35830	0.94002	0.95499	0.32164
1400	0.35910	0.94001	0.95380	0.32196
1450	0.35886	0.93940	0.95602	0.32228
1500	0.35854	0.94052	0.97011	0.32713

从表 3.2 中钛酸铝晶格常数和晶胞体积的变化趋势可以看出，煅烧温度的升高对钛酸铝材料晶格常数影响较大，煅烧温度的升高导致了合成钛酸铝材料中主晶相钛酸铝的晶格常数和晶胞体积的不同程度增大。随煅烧温度升高，钛酸铝晶格常数 a 和 b 的增大趋势较小，而晶格常数 c 随煅烧温度增大趋势较强，其中晶格常数 c 由煅烧温度 1300℃时的 0.95380nm 增大到 1500℃时的 0.97011nm，同时晶胞体积由煅烧温度为 1300℃时的 0.32096nm^3 增大到 1500℃时的 0.32713nm^3。钛酸铝晶格常数变化与铝钛渣中杂质氧化物的固溶作用有关，随着煅烧温度的升高，杂质氧化物的置换或间隙固溶作用增强，溶质离子形成间隙固溶会导致钛酸铝晶格常数的畸变，离子半径较大的杂质氧化物阳离子置换了钛酸铝晶体中正常晶格位置上的钛离子和铝离子也会导致钛酸铝晶格常数的增大，从表 3.2 中钛酸铝晶格常数和晶胞体积的增大趋势也说明了以上分析结果。

3.2.4.3 煅烧温度对钛酸铝材料热分解率的影响

合成钛酸铝材料的稳定性是通过对钛酸铝材料的热分解率来表征的，试验根据合成钛酸铝材料 XRD 图的分析拟合结果，计算得到 No.1～No.5 合成钛酸铝材料的热分解率。在试样 XRD 衍射图谱上拟合钛酸铝相（023）晶面和金红石矿（101）晶面的衍射峰面积分别为 I_{AT} 和 I_T，然后根据钛酸铝材料的热分解率公式 [钛酸铝材料的热分解率 $=I_T/(I_T+I_{AT})\times100\%$] 计算固相反应合成钛酸铝材料的热分解率。图 3.5 所示为固相反应煅烧温度对合成钛酸铝材料热分解率的影响，从图中钛酸铝材料热分解率随煅烧温度的变化关系可以看出，提高固相反应煅烧温度有利于提高烧后钛酸铝材料的稳定性。结合以上 XRD 和钛酸铝晶格常数、晶胞体积变化分析结果，煅烧温度的升高有利于杂质氧化物对合成钛酸铝材料的固溶作用，同时固溶体的形成也削弱了钛酸铝材料冷却过程中的分解作用。

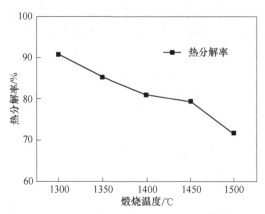

图3.5　煅烧温度对钛酸铝材料热分解率的影响

3.2.4.4　煅烧温度对钛酸铝材料显微结构的影响

图3.6为No.1、No.2、No.3和No.5钛酸铝材料烧后试样的显微结构图。从图中煅烧温度为1300℃的No.1烧后试样的显微结构可以看出，钛酸铝的矿相组织结构的致密性较差，钛酸铝晶粒发育不完整，结构中依然保持着刚玉相的板状和片状结构，板片状结构相互交叉链接。随着煅烧温度升高，从图中No.2烧后试样的显微结构可以看出，板片状结构趋于致密，板状结构的厚度增大。No.3试样的微观结构中钛酸铝相的晶体特征趋于明显，部分区域已经出现了较为明显的钛酸铝晶界，晶粒有长大趋势，结构致密性得到较大改善。当煅烧温度达到1500℃时，No.5配方试样中的钛酸铝晶粒完整、结构致密，玻璃相主要集中在钛酸铝晶界位置。高温液相数量的增加促进了高温状态下钛酸铝材料中固/液间的离子交换，主晶相钛酸铝的晶粒异常长大。根据 X'Pert Plus 软件计算得出，No.2、No.3、No.4和No.5试样的相对结晶度是No.1试样的97.61%、97.36%、94.98%和92.74%。试验计算结果说明，随着煅烧温度的升高，高温状态下形成液相量增多，固相反应完成后，高温液相在常温状态下形成玻璃相，因此，试样的相对结晶度呈现逐渐减小的趋势。

3.2.4.5　煅烧温度对钛酸铝材料致密性的影响

图3.7为不同温度煅烧后钛酸铝材料的体积密度和显气孔率的变化趋势图。从图中钛酸铝材料体积密度和显气孔率的变化趋势可以看出，随着煅烧温度的升高，钛酸铝材料的体积密度逐渐增大，显气孔率逐渐减小，钛酸铝材料的烧结性增强。分析认为煅烧温度的升高加快了钛酸铝固相反应速度，同时杂质氧化物对于降低钛酸铝固相反应温度有利，基质中形成的部分高温液相同样促进了钛酸铝材料的烧结作用，加速了钛酸铝材料结构中离子的交换速度。结合以上不同温度

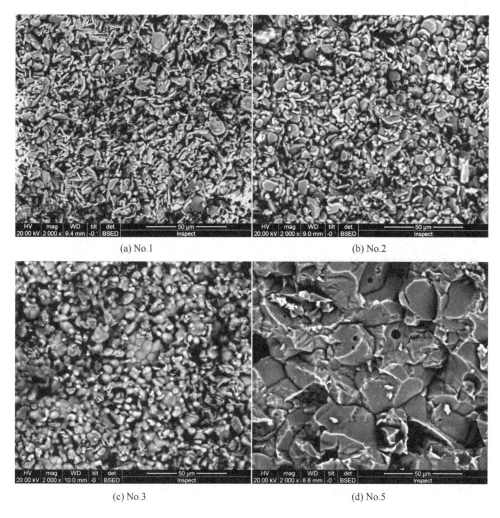

(a) No.1　　　　　　　　　　　　　(b) No.2

(c) No.3　　　　　　　　　　　　　(d) No.5

图 3.6　No.1、No.2、No.3 和 No.5 试样在 1300℃、1350℃、
1400℃和 1500℃烧后的 SEM 图

煅烧后钛酸铝材料的相对结晶度计算结果，也证明了煅烧温度的升高有利于钛酸铝材料的致密性的增强。

研究发现以铁合金厂铝钛渣与锐钛矿型钛白粉为原料，通过固相反应烧结可以制备出以钛酸铝为主晶相的钛酸铝材料。随着煅烧温度的增高，钛酸铝材料结构中的热缺陷浓度增大，钛酸铝晶格常数和晶胞体积逐渐增大，固相反应过程中离子交换速度加快，钛酸铝材料的分解率呈现降低趋势。提高煅烧温度有利于钛酸铝材料的致密性的增强，结构中液相量的增多致使钛酸铝晶粒的异常长大。

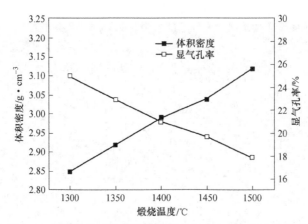

图 3.7   煅烧温度对钛酸铝材料体积密度和显气孔率的影响

3.3   添加剂对合成钛酸铝的影响

3.3.1   原料及添加剂

试验用主要原料为铁合金厂铝钛渣和锐钛矿型钛白粉，试验选用的锐钛矿型钛白粉中二氧化钛含量（质量分数）大于99%；铁合金厂铝钛渣的化学组成：$w(Al_2O_3)=66.92\%$，$w(TiO_2)=12.16\%$，$w(SiO_2)=5.15\%$，$w(CaO)=6.62\%$，$w(MgO)=6.65\%$。根据钛酸铝理论组成〔即$n(Al_2O_3):n(TiO_2)=1:1$〕，确定试验基础配方为71.5%铝钛渣和28.5%的二氧化钛分析纯试剂，基础配方编号记为0号。

在0号配方基础上，外加1.0%、2.0%、3.0%和4.0%的氧化镁，配方编号记为M1~M4；在0号配方基础上，外加1.0%、2.0%、3.0%和4.0%的镁铝尖晶石，配方编号记为MA1~MA4；在0号配方基础上，外加1.0%、2.0%、3.0%和4.0%的氧化铬，配方编号记为C1~C4；在0号配方基础上，外加1.0%、2.0%、3.0%和4.0%的铬精矿，配方编号记为CF1~CF4；在0号配方基础上，外加1.0%、2.0%、3.0%和4.0%的氧化锆，配方编号记为Z1~Z4；在0号配方基础上，外加1.0%、2.0%、3.0%和4.0%的锆英石，配方编号记为ZS1~ZS4。

3.3.2   制备

将各配方物料置于球磨机中湿磨5h后，将物料在110℃条件下干燥12h。试样成型采用DY-60粉末压片机半干法成型，结合剂采用5%的聚乙烯醇溶液，成型压力50MPa，试样大小为$\Phi15mm×10mm$。成型后试样经110℃保温2h干燥后，在1400℃、1450℃和1500℃条件下保温2h烧成。试样随炉冷却后备用。

3.3.3   表征

用Y-2000型X射线衍射仪（Cu靶$K_{\alpha1}$辐射，电压为40kV，电流为40mA，

扫描速度为 4°/min）分析不同温度煅烧后各配方试样的矿物相组成。并利用 X'Pert Plus 软件对烧后试样 XRD 图谱进行拟合处理，计算各配方试样主晶相钛酸铝的晶胞常数、晶胞体积以及合成钛酸铝材料的相对结晶度和分解率。用日本电子 JSM6480 LV 型 SEM 扫描电镜观察不同温度煅烧后试样断口的微观结构及组织形貌。用阿基米德法测量烧后试样的体积密度和显气孔率。

3.3.4 添加剂对合成钛酸铝材料组成、结构及性能的影响

3.3.4.1 氧化镁对钛酸铝材料组成、结构及性能的影响

A 氧化镁对合成钛酸铝材料相组成的影响

图 3.8 所示为 0 号试样及 M1~M4 试样的 XRD 衍射图。从图中可以看出在每个试样中生成了 3 种晶相，分别为钛酸铝相、锐钛矿相及少量刚玉相。

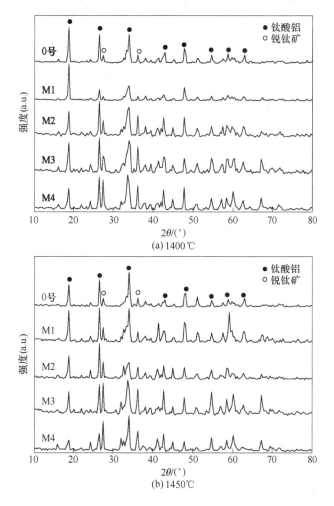

(a) 1400℃

(b) 1450℃

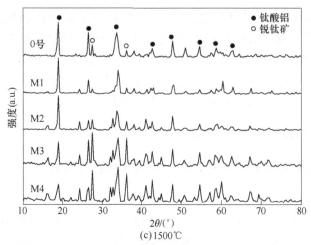

图 3.8　不同 MgO 含量试样经 1400℃、1450℃、1500℃烧后的 XRD 图谱

B　氧化镁对合成钛酸铝材料合成率的影响

表 3.3 所示为半定量分析试样中晶相及含量。由表 3.3 可得 MgO 的含量和烧结温度在一定程度上对钛酸铝的合成产生了显著影响。

表 3.3　试样的晶相与含量（质量分数）　　　　　　　　　　　　　　（%）

MgO	1400℃			1450℃			1500℃		
	Al₂TiO₅	TiO₂	Al₂O₃	Al₂TiO₅	TiO₂	Al₂O₃	Al₂TiO₅	TiO₂	Al₂O₃
0	95	5		98	2		94	6	
1	98	2		94	6		99	1	
2	93	7		91	9		88	12	
3	85	3	12	80	9	11	79	10	11
4	85	5	10	81	12	7	79	13	8

图 3.8 为在不同温度下煅烧试样 0 号及 M1～M4 的 XRD 图谱。图 3.8 中 0 号试样是在 1400℃下煅烧的，这个试样是由两个晶相组成的，钛酸铝相的衍射峰是最强的，其次是锐钛矿。在 M1 试样中，钛酸铝的衍射峰聚集强度较高，锐钛矿的衍射峰保持水平。在 M2～M4 试样中，金红石的衍射峰随着 MgO 加入量增多而增强。表 3.3 中可以看出，当 MgO 的添加量从 0%增加到 1%时，钛酸铝的含量（质量分数）从 95%增加到 98%。当 MgO 添加量从 1%增加到 4%时，钛酸铝含量（质量分数）从 98%下降到 85%，氧化铝含量（质量分数）从 2%增加到 5%。同时，图 3.8 中在 1450℃煅烧的 M1 试样，和在 1500℃煅烧的 M2 试样，出现同样的趋势，钛酸铝含量随着 MgO 加入量增加而减少。当 MgO 添加量为 1%时，钛酸铝含量最高。因此，适宜的 MgO 是抑制铁合金厂工业废料制备的钛酸铝分解的最佳矿化剂之一。

C 氧化镁对合成钛酸铝材料主晶相晶格常数的影响

从铁合金厂工业废料中制备的钛酸铝中引入了超量的 MgO，钛酸铝分解形成了锐钛矿。通过研究不同 MgO 加入量和不同温度对晶体结构的影响，最适宜的 MgO 含量（质量分数）为 1%，最佳煅烧温度为 1500℃。钛酸铝结晶相的晶格常数是通过 Philips X'Pert 软件表征的，使用试样的 XRD 分析（020）、（023）和（200）的 d 值计算出相应的样品的晶体细胞参数。表 3.4、表 3.5、表 3.6 为在不同温度下煅烧试样的晶格常数。各试件的空间群仍然属于正交系，但晶格常数有不同程度的变化。其中，添加 MgO 对钛酸铝晶格常数影响不大，主要是由于 MgO 在钛酸铝中的固溶性极小，而添加的 MgO 基本存在于液相中。当 MgO 添加量从 0% 提高到 4%，在 1400℃ 煅烧的钛酸铝晶胞的体积从 $322.5892 \times 10^6 pm^3$ 增加到 $325.1411 \times 10^6 pm^3$。当煅烧温度由 1400℃ 到 1500℃，MgO 质量分数为 1%，钛酸铝晶胞体积从 $323.4931 \times 10^6 pm^3$ 增加到 $339.4055 \times 10^6 pm^3$。从钛酸铝的细胞参数和体积的变化可以看出，不同烧结温度下，钛酸铝的晶胞体积最大。当样品在 1400℃ 烧结、MgO 添加 3% 时，钛酸铝的细胞体积最大。当样品在 1500℃ 烧结、MgO 添加 2% 时，晶胞体积达到最大。

表 3.4 经 1400℃煅烧试样的晶格常数

$w(MgO)/\%$	$d(020)$	$d(023)$	$d(200)$	$a/10^2 pm$	$b/10^2 pm$	$c/10^2 pm$	$\alpha=\beta=\gamma/(°)$	晶胞体积$/10^6 pm^3$
0	4.70007	2.63343	1.79081	3.59796	9.40014	9.53804	90	322.5892
1	4.69551	2.64774	1.79072	3.58144	9.39102	9.61822	90	323.4931
2	4.70206	2.64859	1.79061	3.58122	9.40412	9.61650	90	323.8667
3	4.70254	2.6650	1.79201	3.58414	9.40508	9.70368	90	327.1027
4	4.68454	2.65235	1.79748	3.59496	9.36908	9.65341	90	325.1411

表 3.5 经 1450℃煅烧试样的晶格常数

$w(MgO)/\%$	$d(020)$	$d(023)$	$d(200)$	$a/10^2 pm$	$b/10^2 pm$	$c/10^2 pm$	$\alpha=\beta=\gamma/(°)$	晶胞体积$/10^6 pm^3$
0	4.69701	2.63716	1.79081	3.58162	9.39402	9.56062	90	321.6747
1	4.70186	2.64088	1.78744	3.57488	9.40372	9.57577	90	321.9103
2	4.70825	2.65002	1.79584	3.59168	9.41650	9.61823	90	325.2986
3	4.69762	2.65282	1.79878	3.59756	9.39524	9.64328	90	325.9423
4	4.70893	2.64313	1.68452	3.56904	9.41786	9.64106	90	324.0622

表 3.6 经 1500℃煅烧试样的晶格常数

$w(MgO)/\%$	$d(020)$	$d(023)$	$d(200)$	$a/10^2 pm$	$b/10^2 pm$	$c/10^2 pm$	$\alpha=\beta=\gamma/(°)$	晶胞体积$/10^6 pm^3$
0	4.70007	2.66453	1.79081	3.58542	9.40522	9.60109	90	323.7647
1	4.69242	2.63008	1.89795	3.7959	9.38484	9.52746	90	339.4055

续表 3.6

w(MgO)/%	d(020)	d(023)	d(200)	$a/10^2$pm	$b/10^2$pm	$c/10^2$pm	$\alpha=\beta=\gamma/(°)$	晶胞体积/10^6pm^3
2	4.69641	2.65112	1.90322	3.90644	9.39282	9.63537	90	353.5458
3	4.70064	2.64239	1.90570	3.81140	9.40128	9.58492	90	343.4472
4	4.70756	2.64426	1.80076	3.60152	9.41512	9.58832	90	325.1280

D 氧化镁对合成钛酸铝材料显微结构的影响

图 3.9 的 SEM 图像分别是 MgO 添加量为 1%、4%在 1500℃烧结的试样。比较 M1 和 M4 试样显微结构，可以看到主晶相钛酸铝为典型斜方晶系，M1 试样的平均晶粒尺寸是 10~20μm，M4 试样为 8~15μm，其结构中存在一些缺陷。镁元素可以在 M1 和 M4 的 EDS 图谱中找到。借助扫描电镜、能谱分析最后确定 M1 试样经 1500℃烧结、MgO 添加量为 1%时最好。

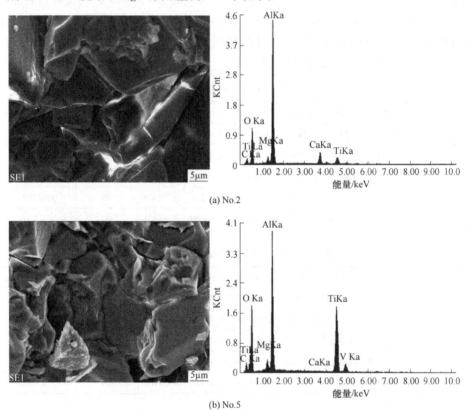

(a) No.2

(b) No.5

图 3.9 No.2 和 No.5 试样 SEM 图像和 EDS 图谱

通过研究不同浓度和不同煅烧温度对工业废料铁合金厂制备的钛酸铝晶体结构的影响，结果表明，MgO 最佳质量分数为 1%，最佳煅烧温度是 1500℃。主晶相钛酸铝具有典型的斜方特征，微观结构中 M1 试样的平均晶粒尺寸为 10~20μm。

3.3.4.2　镁铝尖晶石对钛酸铝材料组成、结构及性能的影响

A　镁铝尖晶石对合成钛酸铝材料相组成的影响

试验通过 XRD 法,对比分析了添加剂镁铝尖晶石对钛酸铝材料相组成的影响。图 3.10 为 0 号及 MA1—MA4 配方经 1400℃、1450℃和 1500℃烧后试样 XRD 图谱。经 1400℃烧后各试样中矿物相包括钛酸铝、锐钛矿和镁铝尖晶石,随配方中镁铝尖晶石加入量增大,MA3 和 MA4 配方烧后试样已经出现了明显的镁铝尖晶石衍射峰。经 1450℃烧后试样与 1400℃烧后各试样矿物组成几乎相同,MA4 配方烧后试样出现镁铝尖晶石衍射峰。经 1500℃烧后各试样矿物组成中没有发现镁铝尖晶石相,但是随着配方中镁铝尖晶石加入量增大,主晶相钛酸铝衍射峰强度逐渐减弱。为进一步分析镁铝尖晶石及煅烧温度对合成钛酸铝组成结构的影响,对烧后试样中主晶相钛酸铝的晶胞常数和晶胞体积进行计算。

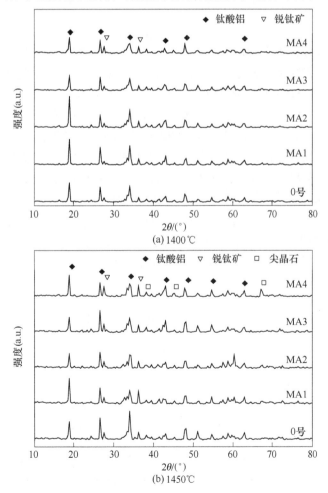

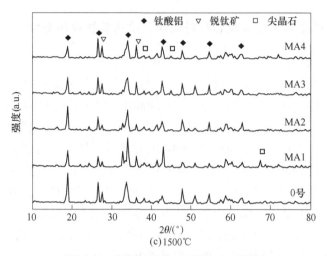

图 3.10　不同温度烧后试样 XRD 图谱

B　镁铝尖晶石对合成钛酸铝材料主晶相晶格常数的影响

表 3.7 为 0 号、MA2、MA4 配方 1400℃烧后及 MA4 配方 1450℃和 1500℃烧后试样中主晶相钛酸铝的晶格常数表。合成材料钛酸铝属正交晶系，对比经 1400℃烧后 0 号、MA2、MA4 试样中钛酸铝晶格常数大小关系，晶格常数 a、b、c 随着配方中镁铝尖晶石加入量增大而减小；对比 MA4 配方经 1400℃、1450℃和 1500℃烧后试样中主晶相钛酸铝晶格常数的变化趋势，随着煅烧温度升高，晶格常数 a、b、c 逐渐减小。分析认为，不同配方烧后试样中主晶相钛酸铝晶格常数变化与镁铝尖晶石的置换固溶作用有关。式（3.1）为镁铝尖晶石中 Mg^{2+} 置换钛酸铝中 Ti^{4+} 的缺陷反应方程式，可以看出结构中 Mg^{2+} 置换 Ti^{4+}，钛酸铝晶体中形成氧离子空位，导致钛酸铝晶格常数变小，说明系统中引入镁铝尖晶石会造成合成钛酸铝晶体的结构缺陷。升高煅烧温度会加快 Mg^{2+}、Ti^{4+} 的离子交换速度，促进缺陷反应的进行，式（3.1）缺陷反应产物 $Al_2Mg_xTi_{1-x}O_{5-x}$ 的生成将逐渐减弱钛酸铝晶相的晶体特征。

$$MgAl_2O_4 \xrightarrow{Al_2TiO_5} Mg''_{Ti}+4O_O+2Al_{Al}+V_O^{\bullet\bullet} \qquad (3.1)$$

表 3.7　主晶相钛酸铝晶格常数

镁铝尖晶石加入量/%	煅烧温度/℃	晶胞常数/nm		
		a	b	c
0	1400	0.35980	0.94001	0.95380
2	1400	0.35926	0.94006	0.95396
4	1400	0.35803	0.93960	0.95380
4	1450	0.35796	0.93907	0.95316
4	1500	0.35770	0.93891	0.95297

C 镁铝尖晶石对合成钛酸铝材料显微结构的影响

图 3.11 分别为 0 号和 MA3 配方经 1500℃烧后试样断口的显微结构图。结合以上矿物组成及缺陷反应方程分析，镁铝尖晶石在系统配方中的引入，致使烧后试样中钛酸铝相的晶体结构发生了一定程度的畸变，晶格畸变所造成的晶格能增加，在一定程度上促进了原位反应合成钛酸铝，提高了钛酸铝材料的合成率。

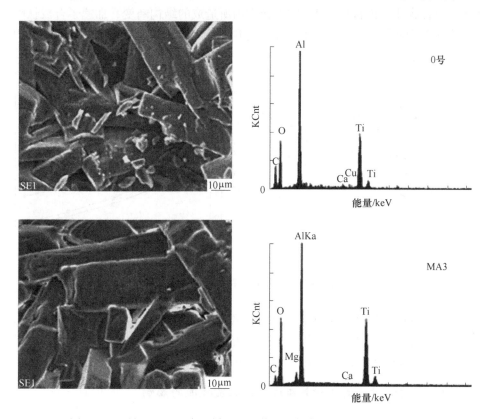

图 3.11　0 号、MA3 配方试样 1500℃烧后试样断口 SEM 照片及能谱图

从图中 0 号配方 1500℃烧后试样的 SEM 图可以看出，钛酸铝相的晶体结构已经形成，但组织结构中分布着不均匀的微小裂纹。随着镁铝尖晶石加入量增加，MA3 配方试样中结构致密性有所增强，钛酸铝相晶粒明显长大，结构中裂纹数量减少，玻璃相数量有所增加，主要集中在钛酸铝晶界位置。分析认为钛酸铝配方中引入镁铝尖晶石，促进了高温状态下原位反应中固/液间的离子交换，高温液相数量逐渐增多，主晶相钛酸铝的晶粒长大，结构致密性增强。常温玻璃相数量的增大也一定程度地削弱了合成钛酸铝材料的晶体特征。对比 0 号和 MA3 配方试样的能谱分析，可以看出添加剂镁铝尖晶石中 Mg^{2+} 已经固溶到钛酸铝晶体中，因此，在 1500℃烧后试样的 XRD 图谱中未发现镁铝尖晶石。

D　镁铝尖晶石对合成钛酸铝材料烧结性能的影响

图 3.12 所示为合成钛酸铝配方经 1400℃、1450℃和 1500℃烧后试样的体积密度和显气孔率随镁铝尖晶石加入量和煅烧温度的变化趋势图。可以看出提高煅烧温度以及加大镁铝尖晶石引入量可以促进钛酸铝材料的烧结，增大合成钛酸铝材料致密度。结合以上烧后试样 XRD 分析和 SEM 分析结果，添加剂镁铝尖晶石中 Mg^{2+}对合成钛酸铝材料中 Ti^{4+}的置换作用所造成的结构畸变，加速了合成钛酸铝材料中离子的交换速度。由于煅烧温度升高，所产生的热缺陷也促进了钛酸铝材料的烧结行为。

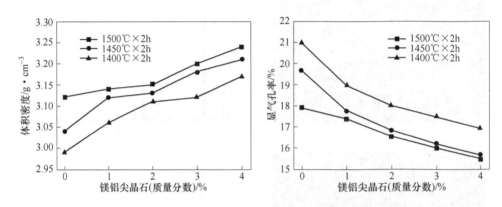

图 3.12　镁铝尖晶石和煅烧温度对合成钛酸铝烧后试样体积密度和显气孔率的影响

研究发现镁铝尖晶石对以铝钛渣为主要原料制备钛酸铝材料有促烧结作用，随着煅烧温度升高，合成钛酸铝材料的致密度增大。镁铝尖晶石中 Mg^{2+}对钛酸铝结构中 Ti^{4+}的置换作用，形成的氧离子空位导致钛酸铝相晶格常数变小。

3.3.4.3　氧化铬对钛酸铝材料组成、结构及性能的影响

A　氧化铬对合成钛酸铝材料相组成的影响

图 3.13 为不同氧化铬含量试样经过 1400℃、1450℃和 1500℃烧成后的 XRD 图谱。所有试样均含有钛酸铝、刚玉和锐钛矿相，并且钛酸铝为主晶相。分析发现随着氧化铬含量的增加和温度的升高，刚玉相减少。经过 1500℃烧后的含有 4%氧化铬试样中钛酸铝相的衍射峰强度最强。试样中刚玉相随着氧化铬添加量的增加而逐渐降低。

B　氧化铬对合成钛酸铝材料主晶相晶胞常数的影响

下列反应式为氧化铬在合成钛酸铝过程中发生的缺陷和化学反应方程。反应式中出现的 Al$_2$Ti$_{1-x}$Cr$_x$O$_{5-x}$V$_{Ox}$ 和 Al$_2$Ti$_{1-x}$Cr$_{4/3x}$O$_5$，是因为 Cr^{3+}占据钛酸铝结构中的 Ti^{4+}位置，形成 O^{2-}空位和 Cr^{3+}空隙。

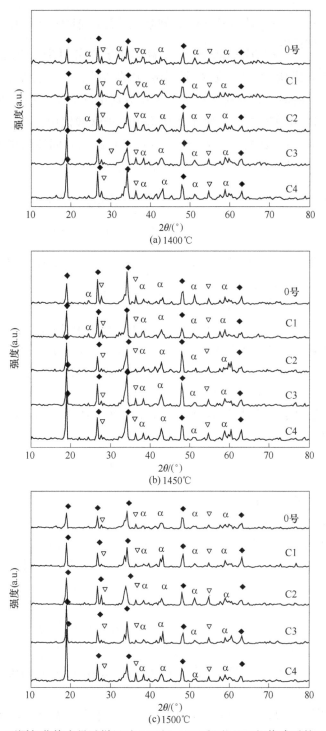

图 3.13 不同氧化铬含量试样经过 1400℃、1450℃和 1500℃烧成后的 XRD 图谱

$$Cr_2O_3 \xrightarrow{Al_2TiO_5} 2Cr'_{Ti}+3O_O+V_O^{\cdot\cdot}，缺陷化学公式\ Al_2Ti_{1-x}Cr_xO_{5-0.5x}V_{Ox}$$

$$4Cr_2O_3 \xrightarrow{3Al_2TiO_5} 3Cr'_{Ti}+12O_O+Cr_i^{\cdot\cdot\cdot}，缺陷化学公式\ Al_2Ti_{1-x}Cr_{4/3x}O_5$$

此外，如下式所示，Cr^{3+} 占据钛酸铝中的 Al^{3+} 位置，并形成缺陷化学式 $Al_{2-x}Cr_xTiO_5$。根据推导的公式计算了溶质和溶剂中的离子半径比值 Δr_1 和 Δr_2。当值为 1.65% 和 14.95% 时，证实了氧化铬固溶于钛酸铝中，其中 Al^{3+} 和 Ti^{4+} 被 Cr^{3+} 取代，结果是由于钛酸铝的结构而存在的空位缺陷和间隙阴离子，氧化铬引入会加速离子的扩散和固相反应生成钛酸铝。

$$Cr_2O_3 \xrightarrow{Al_2TiO_5} Cr_{Al}+3O_O，缺陷化学公式\ Al_{2-x}Cr_xTiO_5$$

$$\Delta r_1 = \frac{r_{Cr^{3+}} - r_{Ti^{4+}}}{r_{Ti^{4+}}} \times 100\% = 1.65\% < 15\%$$

Δr_1：Cr^{3+} 和 Ti^{4+} 离子半径的比值；$r_{Cr^{3+}}$：Cr^{3+} 离子半径；$r_{Ti^{4+}}$：Ti^{4+} 离子半径。

$$\Delta r_2 = \frac{r_{Cr^{3+}} - r_{Al^{3+}}}{r_{Al^{3+}}} \times 100\% = 14.95\% < 15\%$$

Δr_2：Cr^{3+} 和 Al^{3+} 离子半径的比值；$r_{Cr^{3+}}$：Cr^{3+} 离子半径；$r_{Al^{3+}}$：Al^{3+} 离子半径。

采用铝钛渣和二氧化钛合成钛酸铝是一种多相反应。由于钛酸铝中较大离子 Cr^{3+} 占据 Ti^{4+} 和 Al^{3+} 位置，使得晶格尺寸增加导致晶格的畸变。用 X'PERT Plus 软件计算了钛酸铝的晶格常数，对晶格畸变进行了详细的分析。钛酸铝晶体是正交晶系，可以通过以下公式计算与晶体学平面的空间 DHKL 和晶面符号（HKL）有关的晶胞参数。

$$\frac{1}{d_{hkl}^2} = \left(\frac{h}{a}\right)^2 + \left(\frac{k}{b}\right)^2 + \left(\frac{l}{c}\right)^2$$

式中　d_{hkl}^2——晶面间距；
　　a，b，c——钛酸铝晶格参数。

氧化铬的加入和烧结温度的提升可以促进钛酸铝的烧结性能，为了说明氧化铬添加量对钛酸铝反应产物的影响，钛酸铝的主晶相峰适合于计算晶格常数，并结合对应于不同晶体间距 d_{hkl} 值的特征峰。在图 3.14 中示出了在 1400℃ 和 1500℃ 烧结的钛酸铝的晶格常数。

由图 3.14 可知，烧后试样的钛酸铝晶格可显著受到氧化铬含量和煅烧温度的影响。晶格常数 a、b、c 和晶格体积随氧化铬含量的增加而逐渐增大。用 Cr_2O_3 替代固溶体分析了钛酸铝的晶格畸变。煅烧温度的升高加速溶质和溶剂离子的扩散。

平衡点缺陷的浓度由下式计算，可以证实，升高烧结温度会增加钛酸铝中点缺陷的浓度，并增强固相反应得到钛酸铝。

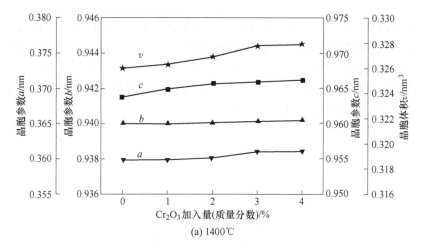

(a) 1400℃

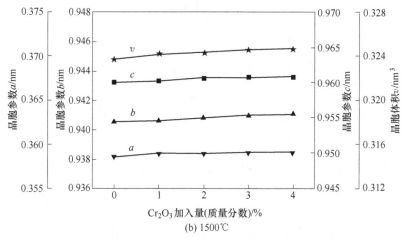

(b) 1500℃

图 3.14 经 1400℃和 1500℃烧后的钛酸铝的晶格常数

$$c = \frac{n_e}{n} = A e^{-\frac{\Delta E_v}{kT}}$$

式中 c——平衡点缺陷的浓度；

n_e——平衡量；

n——原子的总量；

ΔE_v——附加每个空位的能量变化；

k——玻耳兹曼常数通常为 8.62×10^{-5} eV/K 或 1.38×10^{-23} J/K；

T——绝对温度；

A——振动熵确定的系数，通常取 1。

C 氧化铬对合成钛酸铝材料合成率的影响

图 3.15 所示为在 1400℃、1450℃和 1500℃烧结的钛酸铝样品中，Cr_2O_3 的

加入对钛酸铝合成率的影响。钛酸铝的合成率随氧化铬含量的增加而增大。钛酸铝的合成速度随温度升高而增大。合成率的提高表明，Cr_2O_3 可以起到稳定剂的作用，从而抑制钛酸铝的分解。提高烧结温度也可以抑制钛酸铝的分解。分析认为钛酸铝的合成主要是由于氧化铬中 Cr^{3+} 进入钛酸铝晶胞形成固溶体。随着烧结温度的升高促进了置换固溶体的形成。

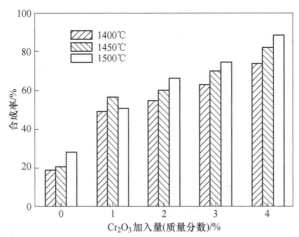

图 3.15   不同 Cr_2O_3 加入量的试样经 1400℃、1450℃和
1500℃烧后对钛酸铝合成率的影响

为了说明氧化铬固溶到钛酸铝中，图 3.16 所示为经过 1500℃烧后的 C4 试样 EDS 能谱图谱。从能量分散谱分析，除了 Al 和 Ti 元素之外，还存在于钛酸铝晶粒中的 Cr 元素。从 EDS 得到的结果表明，氧化铬固溶于钛酸铝晶粒中，结构稳定。文献介绍了一些三价金属氧化物可以加速 Al_2O_3 和 TiO_2 之间的固相反应，并且钛酸铝在冷却到室温过程中具有更强的抵抗分解的能力。

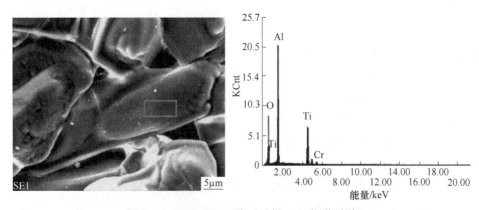

图 3.16   经过 1500℃烧后试样 EDS 能谱图谱

D 氧化铬对合成钛酸铝材料微观结构的影响

图 3.17 所示为 0 号、C2 和 C4 试样分别经过 1400℃和 1500℃烧后的截面显微结构。钛酸铝在煅烧过程中发生晶格畸变,导致钛酸铝的晶格能大于正常结构,离子的扩散消耗了晶格能。首先形成钛酸铝相的矿物结构,如图 3.17(a) 0 号所示,在晶界和表面出现微小裂纹。随着氧化铬含量的增加,钛酸铝的特征结构变得明显更加致密,并且微小裂纹的数量减小,如图 3.17(a′)C2 所示。当添加 4%的氧化铬时,钛酸铝晶粒明显长大,如图 3.17(a″)C4 所示。柱状钛酸铝出现在十字交叉结构中,晶粒表面微裂纹的数量和大小均有所减小。结果表明,在高温下,氧化铬能促进固/液扩散,促进晶粒长大,提高试样致密度。对比 0 号试样的断面结构,图 3.17(b′) C2 和(b″)C4 试样中的柱状结构更加明显且粗糙。烧结温度的提高和氧化铬引入促进了钛酸铝晶粒长大。C4 试样中钛酸铝的致密度更大,且具有更细晶柱状结构,边界清晰。

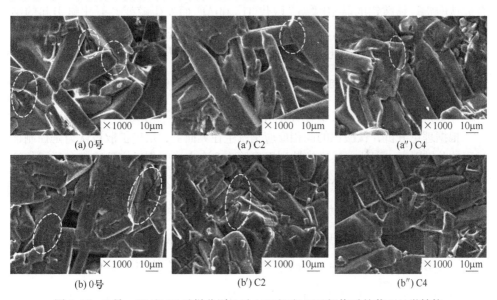

图 3.17 0 号,C2 和 C4 试样分别经过 1400℃和 1500℃烧后的截面显微结构

E 氧化铬对合成钛酸铝材料烧结性能的影响

图 3.18 所示为,0 号及 C1~C4 试样分别在 1400℃、1450℃和 1500℃烧后的体积密度和显气孔率。氧化铬的引入对烧后试样的体积密度和显孔隙率具有显著影响。C1~C4 试样的体积密度均高于 0 号试样。由图 3.18 可知,钛酸铝的体积密度随着氧化铬含量和烧结温度的增加而增加。升高温度促进钛酸铝的烧结性能和致密化。结果表明,氧化铬提高了钛酸铝烧结性能,与 SEM 测定结果一致。Cr^{3+} 取代 Ti^{4+} 和 Al^{3+} 引起的晶格畸变,加速了钛酸铝中离子的扩散,升温引起的热缺陷促进了固相反应和烧结性能的提高。

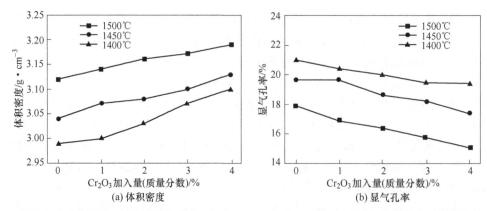

图 3.18   0 号及 C1~C4 试样分别在 1400℃、1450℃和 1500℃烧后的体积密度和显气孔率

研究发现以从铁合金厂用铝钛渣为原料，在高温条件下通过固相反应法可以合成钛酸铝。钛酸铝的晶胞因 Cr^{3+} 取代 Ti^{3+} 和 Al^{3+} 而发生畸变，氧化铬引起的结构缺陷加速了离子的扩散，高温引起的热缺陷也促进了钛酸铝的固相反应和烧结，钛酸铝的合成率随氧化铬添加量的增加和温度的升高而增大。

3.3.4.4   铬精矿对钛酸铝材料组成、结构及性能的影响

A   铬精矿对合成钛酸铝材料作用机理分析

根据理论分析，钛酸铝的固相反应是发生在界面上，反应扩散被认为是控制该过程的关键因素。因此，反应扩散到界面的速率决定了固相反应的速度和形成的钛酸铝速率。加入铬精矿的钛酸铝固相反应过程中的缺陷方程理论上可以写成：

$$Cr_2O_3 \xrightarrow{Al_2TiO_5} 2Cr'_{Ti}+3O_O+V_O^{\cdot\cdot}，\quad 缺陷反应方程式\ Al_2Ti_{1-x}Cr_xO_{5-0.5x}V_{Ox}$$

$$4Cr_2O_3 \xrightarrow{3Al_2TiO_5} 3Cr'_{Ti}+12O_O+Cr_i^{\cdot\cdot\cdot}，\quad 缺陷反应方程式\ Al_2Ti_{1-x}Cr_{4/3x}O_5$$

$$Fe_2O_3 \xrightarrow{Al_2TiO_5} 2Fe'_{Ti}+3O_O+V_O^{\cdot\cdot}，\quad 缺陷反应方程式\ Al_2Ti_{1-y}Fe_yO_{5-0.5y}V_{Oy}$$

$$4Fe_2O_3 \xrightarrow{3Al_2TiO_5} 3Fe'_{Ti}+12O_O+Cr_i^{\cdot\cdot\cdot}，\quad 缺陷反应方程式\ Al_2Ti_{1-y}Cr_{4/3y}O_5$$

$$Cr_2O_3 \xrightarrow{Al_2TiO_5} Cr_{Al}+3O_O，\quad 缺陷反应方程式\ Al_{2-x}Cr_xTiO_5$$

$$Fe_2O_3 \xrightarrow{Al_2TiO_5} Fe_{Al}+3O_O，\quad 缺陷反应方程式\ Al_{2-y}Fe_yTiO_5$$

$$\Delta r_1 = \frac{r_{Cr^{3+}} - r_{Ti^{4+}}}{r_{Ti^{4+}}} \times 100\% = 1.65\% < 15\%$$

$$\Delta r_2 = \frac{r_{Cr^{3+}} - r_{Al^{3+}}}{r_{Al^{3+}}} \times 100\% = 14.95\% < 15\%$$

$$\Delta r_3 = \frac{r_{Fe^{3+}} - r_{Ti^{4+}}}{r_{Ti^{4+}}} \times 100\% = 6.61\% < 15\%$$

$$\Delta r_4 = \frac{r_{Fe^{3+}} - r_{Al^{3+}}}{r_{Al^{3+}}} \times 100\% = 20.56\%, \quad 15\% < \Delta r_4 < 30\%$$

由铁精矿组成可以看出，铁精矿中含有氧化铬和氧化铁，以铁精矿作为添加剂，钛酸铝中 Cr_2O_3/Fe_2O_3 的存在而引起的缺陷如以上公式所示。氧化铬和氧化铁进入钛酸铝晶格出现缺陷化学式 $Al_2Ti_{1-x}Cr_xO_{5-x}V_{Ox}$ 和 $Al_2Ti_{1-x}Cr_{4/3x}O_5$ 是由于 Cr^{3+} 在钛酸铝结构中占据 Ti^{4+} 位置，形成 O^2 空位和 C_R^{3+} 空隙。结构中出现缺陷化学式 $Al_2Ti_{1-YFy}O_{5-5-Yy}VO_Y$ 和 $Al_2Ti_{1-Y}Cr_{4/3Y}O_5$ 是由于 Fe^{3+} 在钛酸铝结构中占据 Ti^{4+} 位置，形成 O^2 空位和 Fe^{3+} 空隙。

此外，由于 Cr^{3+} 和 Fe^{3+} 占据钛酸铝中的 Al^{3+} 位置，形成缺陷化学式 $Al_{2-x}Cr_xTiO_5$ 和 $Al_{2-y}Fe_yTiO_5$。根据所得的公式溶剂离子及溶质离子半径关系，计算了溶质和溶剂中离子半径比的值 $\Delta r_1 - \Delta r_4$。当 Δr_1 的值为 1.65% Δr_2 的值为 14.95% 时，这就说明 Cr_2O_3 固溶于钛酸铝中，其中 Al^{3+} 和 Ti^{4+} 的位置被 Cr^{3+} 取代。由于 Δr_3 的值为 6.15%，固钛酸铝中 Ti^{4+} 的位置可以被 Fe^{3+} 取代。然而，当 Δr_3 的值在 15%~30% 时，钛酸铝中 Al^{3+} 位置可以部分被 Fe^{3+} 取代。因此，由于钛酸铝结构中 Cr_2O_3/Fe_2O_3 的存在，导致的空位缺陷和间隙阴离子会加速离子扩散和钛酸铝的固相反应。

B 铬精矿对合成钛酸铝材料相组成的影响

图 3.19 所示添加不同 Cr_2O_3/Fe_2O_3 的试样分别经过 1400℃、1450℃ 和 1500℃ 烧结后的 XRD 图谱。在所有样品中形成 3 种结晶相，即钛酸铝、Al_2O_3 和 TiO_2，钛酸铝是主晶相。所有样品 Cr_2O_3 和 Fe_2O_3 的 X 射线衍射图中的结晶相不能被完全识别。结果表明，铁精矿的添加量和烧结温度的增加，钛酸铝的衍射强度逐渐增加。添加 4% 的铁精矿的 CF4 试样中钛酸铝在各烧结温度下的衍射强度最强，随着铁精矿的加入，Al_2O_3 和 TiO_2 相的含量相对于钛酸铝逐渐减少。

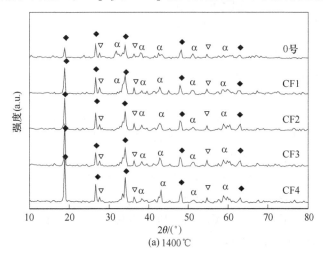

(a) 1400℃

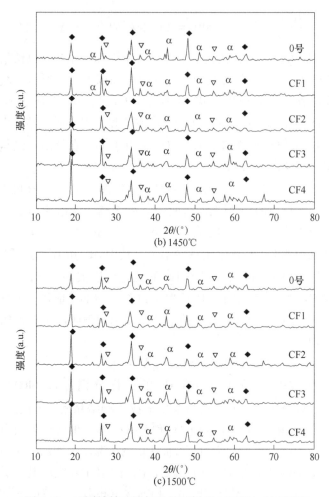

图 3.19　不同铁精矿添加量的试样经 1400℃、1450℃ 和
1500℃烧后的 XRD 图谱

C　铬精矿对合成钛酸铝材料热分解率的影响

图 3.20 所示为经 1400℃、1450℃ 和 1500℃烧后钛酸铝试样的分解率。钛酸铝分解率随铁精矿含量的增加而降低，钛酸铝分解速率随温度升高而降低。烧结温度的升高也抑制钛酸铝的分解。分解结果表明，铁精矿引入起到一定的稳定剂作用，抑制了钛酸铝的分解。钛酸铝的分解主要是由于铁精矿中引入 Cr^{3+} 和 Fe^{3+} 形成的固溶体。随着煅烧温度的升高，促进固溶体的形成。

D　铬精矿对合成钛酸铝材料主晶相晶格常数的影响

用 X'Pert Plus 软件计算了钛酸铝的晶格常数，对晶格畸变进行了详细的分析。钛酸铝晶体是正交晶系，可以通过以下方程计算与晶体学平面的空间 d_{hkl} 和晶面（HKL）有关的晶胞参数。

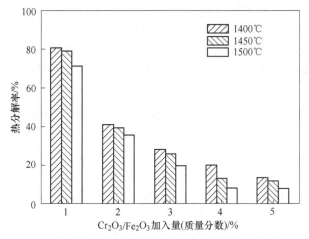

图 3.20 经 1400℃、1450℃和 1500℃烧后钛酸铝试样的分解率

$$\frac{1}{d_{hkl}^2} = \left(\frac{h}{a}\right)^2 + \left(\frac{k}{b}\right)^2 + \left(\frac{l}{c}\right)^2$$

铁精矿的添加和烧结温度的提高可以促进钛酸铝的烧结性能。为了说明铁精矿的加入对钛酸铝反应产物的影响，钛酸铝的主晶相峰适合于计算晶格常数，并结合对应于面间间距 d_{hkl} 值的特征峰。试样经 1450℃烧后钛酸铝的晶格常数，如图 3.21 所示。

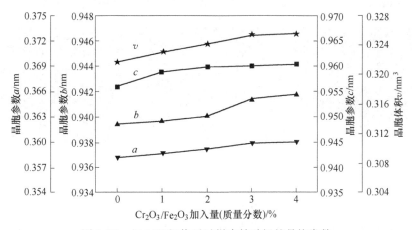

图 3.21 经 1450℃烧后试样中钛酸铝的晶格常数

由图 3.21 可知，试样 1450℃烧后钛酸铝的晶格常数随铁精矿添加量的影响发生显著变化。随着铁精矿含量的增加，晶格常数 a、b、c 和晶格体积逐渐增加。用 Cr_2O_3/Fe_2O_3 替代固溶体分析了钛酸铝的晶格畸变。由于钛酸铝中较大的 Cr^{3+}（0.0615nm）和 Fe^{3+}（0.0645nm）占据 Ti^{4+}（0.0605nm）和 Al^{3+}（0.0535nm）

的位置，导致晶格尺寸增加发生晶格畸变。

E 铬精矿对合成钛酸铝材料微观结构的影响

为了说明在不同烧结温度下铁精矿对钛酸铝结构的影响，图 3.22 所示为 0号试样、CF2 和 CF4 试样的 SEM 照片。烧后试样中钛酸铝发生晶格畸变，导致钛酸铝的晶格能大于正常结构，离子的扩散消耗了晶格能。图 3.22(a) 0 号为钛酸铝的晶体结构，在显微组织中有不均匀的微裂纹。随着铁精矿含量的增加，钛酸铝的特征结构变得清晰致密，并伴有更多的玻璃相产生。当铁精矿含量（质量分数）为 4% 时，钛酸铝晶粒明显长大。柱状钛酸铝产生于交叉结构中，并且产生更多的玻璃相和较少的微裂纹。玻璃相主要集中在钛酸铝晶粒的边界。结果表明，在高温下，铁精矿可以加速固/液扩散，促进主晶相异常晶粒长大和密度增强。对比 0 号试样的断裂微观结构，CF2 试样和 CF4 试样中钛酸铝的柱状结构更加明显和粗糙。升高温度促进了铁精矿在钛酸铝结构中发生固溶反应，并伴随钛酸铝晶粒长大。由于固溶体结构比纯钛酸铝结构更稳定，形成较少的裂纹。

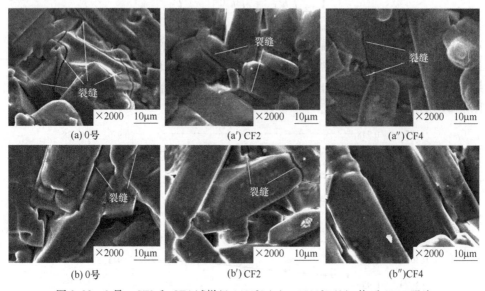

图 3.22 0 号、CF2 和 CF4 试样经 1400℃(a)，1500℃(b) 烧后 SEM 照片

在图 3.23 中示出了 CF4 试样在 1500℃ 烧结后的能谱分析。通过能谱分析，除了 Al 和 Ti 元素之外，钛酸铝晶粒中几乎都存在 Al 和 Fe 元素，这将使晶粒更大、更稳定。Tkachenko V.D. 等人同样报道了添加一些三价金属氧化物可以加速晶体生长，使钛酸铝具有更强的抗分解能力。

F 铬精矿对合成钛酸铝材料烧结性能的影响

图 3.24 所示为试样经过 1400℃、1450℃ 和 1500℃ 保温 2h 烧结后的体积密度和显气孔率。铁精矿的加入量对烧结体的体积密度和显气孔率产生显著影响。由

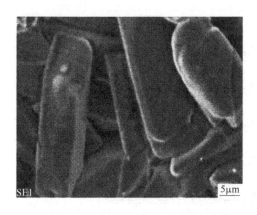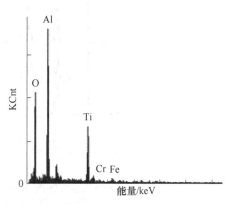

图 3.23 CF4 试样经 1500℃烧后的能谱分析

图 3.24 可知，钛酸铝的体积密度随着铁精矿含量和烧结温度的增加而增大，升高温度促进钛酸铝的烧结性能，并有助于改善钛酸铝的致密化。结合显微结构分析，钛酸铝的晶格畸变是由 Cr^{3+} 和 Fe^{3+} 取代 Ti^{3+} 和 Al^{3+} 所引起的。烧结温度的提高引起的热缺陷促进了固相反应和烧结性能的提高。

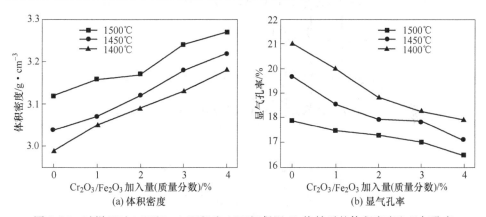

图 3.24 试样经过 1400℃、1450℃和 1500℃保温 2h 烧结后的体积密度和显气孔率

在高温条件下，以铝钛渣为原料可利用固体反应合成钛酸铝材料。钛酸铝结构中 Ti^{3+} 和 Al^{3+} 的取代导致钛酸铝晶格常数发生畸变。Cr_2O_3/Fe_2O_3 引起的结构缺陷加速了离子的扩散。高温引起的热缺陷也促进了钛酸铝的固相反应和烧结。

3.3.4.5 氧化锆对钛酸铝材料组成、结构及性能的影响

A 氧化锆对合成钛酸铝材料相组成的影响

试验通过 XRD 法，对比分析了添加剂氧化锆对钛酸铝材料相组成的影响。图 3.25 为 0 号及 Z1~Z4 配方经 1400℃、1450℃和 1500℃烧后的钛酸铝试样 XRD

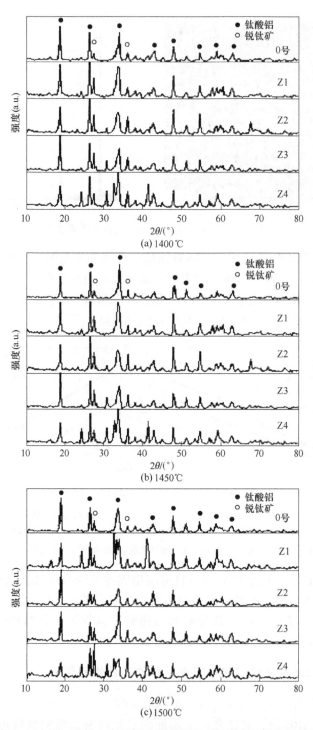

图 3.25　经 1400℃、1450℃和 1500℃烧后钛酸铝试样 XRD 图

图。图中可以看出各配方试样的主要矿物组成包括主晶相钛酸铝和少量的锐钛矿型的二氧化钛。从图 3.25 中锐钛矿矿物相衍射峰强度的变化趋势可以看出，当二氧化锆加入量为 2% 时，Z2 配方试样经 1400℃烧后的钛酸铝材料中锐钛矿数量最大。随着钛酸铝材料配方试样煅烧温度的升高，Z2 和 Z3 配方试样经 1450℃烧后的钛酸铝材料中锐钛矿相的衍射峰强度增强。从图 3.25 中各矿相衍射峰强度变化趋势可以看出，当煅烧温度达到 1500℃时，氧化锆加入量为 4% 的 Z4 配方试样中锐钛矿相衍射峰强度最强，同时钛酸铝相数量随着氧化锆加入量的增加而逐渐减少。

从不同阳离子电场强度角度分析，阳离子的电场强度（Z/r^2，Z 代表阳离子的电价数，r 代表阳离子的半径）表示阳离子对阴离子的引力强弱程度。在钛酸铝组成结构中，同在六配位的情况下，Zr^{4+} 及钛酸铝结构中 Al^{3+} 和 Ti^{4+} 的电场强度分别为 10.41、10.29 和 7.30。从各离子的电场强度关系可以看出，Zr^{4+} 的电场强度稍高于 Al^{3+} 的电场强度，并且明显高于 Ti^{4+} 的电场强度，因此在 ZrO_2-Al_2O_3-TiO_2 系统中 Zr^{4+} 会吸引 TiO_2 中 O^{2-} 而减弱 Ti—O 的键力，导致高温状态下锐钛矿型二氧化钛的出现。同时煅烧温度的升高，加强了 Zr^{4+} 吸引 TiO_2 中 O^{2-} 的能力，因此从图 3.25 中可以看到随着煅烧温度的升高以及二氧化锆加入量的增加，钛酸铝材料结构中锐钛矿数量明显增大。

B　氧化锆对合成钛酸铝材料主晶相晶格常数的影响

氧化锆加入量的增加以及煅烧温度的升高促进了钛酸铝材料中锐钛矿相的形成，在一定程度上促进了钛酸铝材料的烧结作用。为进一步说明二氧化锆对固相反应生成物钛酸铝结构的影响，试验通过对烧后试样的 XRD 图中主晶相钛酸铝的特征峰进行拟合，结合特征峰对应的不同晶面间距 d 值，计算出钛酸铝晶格常数及晶胞体积。下式为正交晶型中晶面间距 d、晶面指数（hkl）及晶格常数之间的关系式。利用 X'Pert Plus 软件计算的主晶相钛酸铝晶格常数见表 3.8。

$$\frac{1}{d_{hkl}^2} = \left(\frac{h}{a}\right)^2 + \left(\frac{k}{b}\right)^2 + \left(\frac{l}{c}\right)^2$$

表 3.8　钛酸铝相晶格常数

ZrO$_2$ 加入量/%	烧结温度/℃	晶格常数/nm		
		a	b	c
0	1400	0.35980	0.94001	0.95380
1	1400	0.36052	0.94002	0.96499
2	1400	0.36067	0.94129	0.96005
3	1400	0.36097	0.94009	0.97290
4	1400	0.36057	0.94096	0.96619

续表 3.8

ZrO$_2$ 加入量/%	烧结温度/℃	晶格常数/nm		
		a	b	c
4	1450	0.36068	0.94101	0.95728
4	1500	0.36144	0.94207	0.95918

表 3.8 为 0 号及 T1~T4 试样在 1400℃条件下烧后及 Z4 试样在 1450℃和1500℃条件下煅烧后试样中钛酸铝相的晶格常数表。从表中可以看出,氧化锆的加入以及煅烧温度的升高对钛酸铝材料晶格常数影响较大,对比不同氧化锆加入量的 Z1~Z4 试样中钛酸铝相晶格常数 a 的变化趋势发现,随着氧化锆加入量增加,晶格常数 a 呈逐渐增大趋势。对比氧化锆加入量为 4%的 Z4 试样在不同温度煅烧后的钛酸铝晶格常数变化趋势同样发现,随着试样煅烧温度的升高,钛酸铝晶格常数 a 同样呈现逐渐增大趋势。分析认为,钛酸铝晶格常数变化与氧化锆的置换固溶有关,下式为二氧化锆中 Zr^{4+} 置换钛酸铝中 Al^{3+} 和 Ti^{4+}的可能性分析式。

$$(r_{Zr^{4+}} - r_{Al^{3+}})/r_{Al^{3+}} > (r_{Zr^{4+}} - r_{Ti^{4+}})/r_{Ti^{4+}}$$

如上式所示,前者电场强度(37.0%)明显大于后者电场强度(19.4%)。根据计算结果说明,二氧化锆中 Zr^{4+} 具备置换钛酸铝材料中 Ti^{4+} 形成有限固溶的条件,而不具备置换 Al^{3+} 在钛酸铝结构中形成有限固溶的条件。

$$ZrO_2 \xrightarrow{Al_2TiO_5} Zr_{Ti} + 2O_O$$

上式所示为二氧化锆中 Zr^{4+} 置换钛酸铝中 Ti^{4+} 形成有限固溶体的缺陷反应方程。由于 Zr^{4+} 和 Ti^{4+} 同属四价化合物,在发生缺陷反应过程中形成间隙离子或空位的可能性较小。而 Zr^{4+} 半径大于 Ti^{4+} 半径,因此,理论上钛酸铝晶格常数随着 Zr^{4+} 置换 Ti^{4+} 数量增多而逐渐增大,从表 3.8 中钛酸铝相晶格常数 a 的变化趋势也说明了以上分析。同时煅烧温度的升高也加速了钛酸铝中溶质离子和溶剂离子的交换速度,从表 3.8 中可以看出钛酸铝晶格常数随着煅烧温度的升高而逐渐增大。

C　氧化锆对合成钛酸铝材料显微结构的影响

图 3.26 分别为 0 号、Z2 和 Z4 配方在 1400℃烧后钛酸铝试样显微结构图,和 Z4 配方试样在 1500℃烧后试样的显微结构。结合如上分析,氧化锆在钛酸铝配方中的引入,使烧后试样中钛酸铝相的晶体结构发生了一定程度的畸变,钛酸铝相晶格畸变所造成晶格能的增加提高了钛酸铝材料结构中正负离子的扩散速度。

从图 3.26 中 0 号配方试样经 1400℃烧后的 SEM 图可以看出,钛酸铝相的矿相结构已略见雏形,组织结构的致密性相对较差,结构中分布着不均匀的微小裂

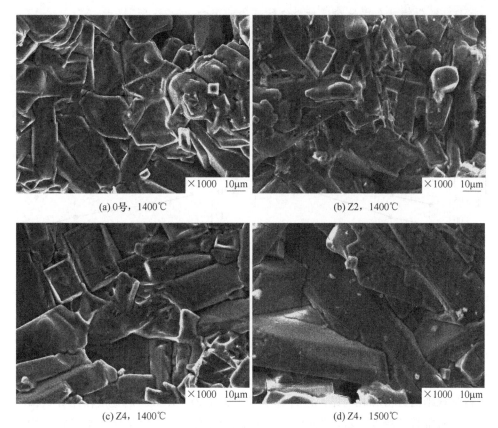

(a) 0号，1400℃

(b) Z2，1400℃

(c) Z4，1400℃

(d) Z4，1500℃

图 3.26   经 1400℃烧结的 0 号、Z2、Z4 配方和经 1500℃烧后的 Z4 配方试样的 SEM 图

纹。随着氧化锆加入量增加，Z2 配方试样中的钛酸铝相特征结构更趋明显，结构致密性有所增强，玻璃相数量有所增加。当氧化锆加入量为 4% 时，图 3.26 中钛酸铝相晶粒明显长大，条柱状的钛酸铝相在显微结构中纵横交错，结构中裂纹数量减少，玻璃相主要集中在钛酸铝晶界位置。利用 X' Pert Plus 软件将未加入氧化锆的经 1400℃烧后 0 号配方试样的结晶度标定为 $k\%$，计算不同二氧化锆加入量的 Z1 ~ Z4 试样的相对结晶度分别为 $0.9847k\%$、$0.9487k\%$、$0.9449k\%$ 和 $0.9316k\%$。从各配方试样的相对结晶度数据可以看出，经 1400℃烧后的钛酸铝试样相对结晶度随氧化锆加入量增加而逐渐减小。分析认为钛酸铝配方中引入氧化锆，促进了高温状态下钛酸铝材料中固/液间的离子交换，液相数量逐渐增多，主晶相钛酸铝的晶粒异常长大，结构致密性增强。经计算得出，Z4 配方在 1450℃和 1500℃烧后的试样相对结晶度为 $0.9001k\%$ 和 $0.8661k\%$。对比 Z4 配方在 1400℃和 1500℃烧后试样显微结构可以发现，图 3.26 中钛酸铝的条柱状结构更趋明显，并且晶粒更为粗大。煅烧温度的升高以及液相数量的增多促进了钛酸铝晶粒的长大。

D   氧化锆对合成钛酸铝材料烧结性能的影响

图 3.27 为 1400℃、1450℃和 1500℃烧后的不同二氧化锆加入量的钛酸铝材料的体积密度和显气孔率的变化趋势图。

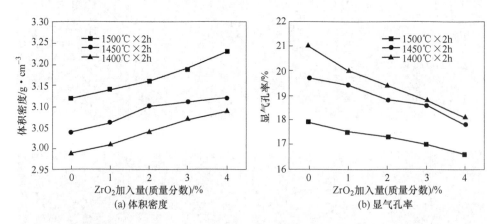

图 3.27   二氧化锆加入量对钛酸铝材料体积密度与显气孔率的影响

从图 3.27 中钛酸铝材料体积密度的变化趋势可以看出，煅烧温度的升高促进钛酸铝材料的烧结，有利于提高钛酸铝材料致密程度。随着氧化锆加入量的增加，试样的体积密度呈现整体上升趋势，显气孔率呈降低趋势。结合以上钛酸铝材料微观结构分析和相对结晶度计算结果，由于 Zr^{4+} 对 Mg^{2+} 的置换作用导致钛酸铝相晶格常数的畸变，Zr^{4+} 置换作用所形成的结构畸变加速了钛酸铝材料结构中离子的交换速度。温度升高所产生的热缺陷也促进了钛酸铝材料的固相反应和烧结行为。研究发现 Zr^{4+} 对 Mg^{2+} 置换作用导致钛酸铝相晶格常数的畸变，加速了钛酸铝材料结构中离子的交换速度。温度升高所产生的热缺陷也促进了钛酸铝材料的固相反应和烧结性能。

3.3.4.6   锆英石对钛酸铝材料组成、结构及性能的影响

A   锆英石对合成钛酸铝材料相组成的影响

图 3.28 所示为 1400℃、1450℃和 1500℃烧后钛酸铝 0 号、ZS1~ZS4 试样的 XRD 图谱。可以看出不同温度烧后试样的主晶相均为钛酸铝相，随着煅烧温度升高，主晶相钛酸铝相在（020）、（023）、（042）等晶面所对应的衍射峰强度逐渐增强，说明提高煅烧温度有利于钛酸铝的原位反应。分析认为温度升高所产生的热缺陷促进了钛酸铝材料的固相反应。对比分析不同锆英石加入量的钛酸铝材料 ZS1~ZS4 试样相组成，经 1450℃烧后的各配方试样中主晶相钛酸铝在（020）晶面对应的衍射峰强度逐渐增强。

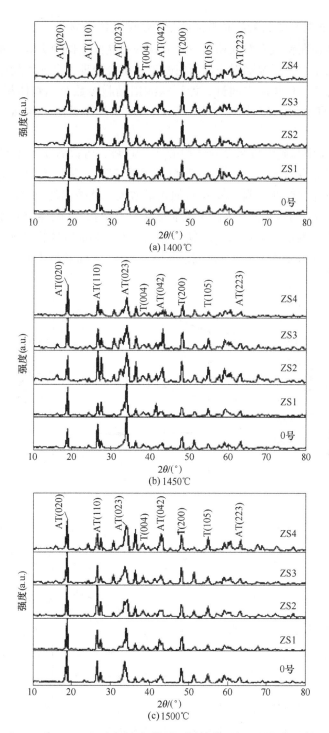

图 3.28　经 1400℃、1450℃和 1500℃烧后不同锆英石加入量的各试样 XRD 图谱

B　锆英石对合成钛酸铝材料主晶相晶胞常数的影响

为进一步说明锆英石对固相反应合成钛酸铝晶体结构的影响，通过对烧后试样主晶相钛酸铝在不同晶面对应的衍射峰进行拟合处理，合成产物中主晶相钛酸铝属于正交晶系，CmCm 空间群，计算钛酸铝晶胞参数及晶胞体积。图3.29 为 1400℃、1450℃和1500℃烧后 0 号、ZS1~ZS4 试样中钛酸铝相晶胞参数和晶胞体积。

从图3.29 中晶胞参数和晶胞体积的变化趋势，可以看出经 1400℃下烧后试样中钛酸铝晶胞参数 b、c 和晶胞体积随着锆英石加入量增大而逐渐增大。当煅烧温度升高到1450℃时，随着锆英石加入量增大，钛酸铝晶胞参数 c 和晶胞体积呈现先减小后增大的趋势。当锆英石加入量为 3% 时，晶胞参数 c 和晶胞体积为最小值。当煅烧温度为 1500℃时，钛酸铝晶胞参数和晶胞体积呈现相似的变化规律，当锆英石加入量为 2% 时，钛酸铝晶胞参数 a、b 和晶胞体积为最小值，随着

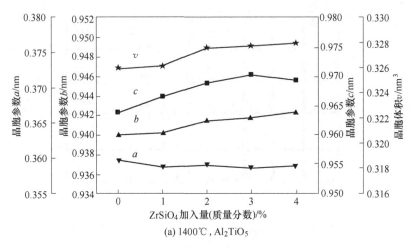

(a) 1400℃，Al_2TiO_5

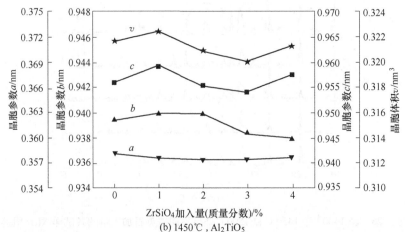

(b) 1450℃，Al_2TiO_5

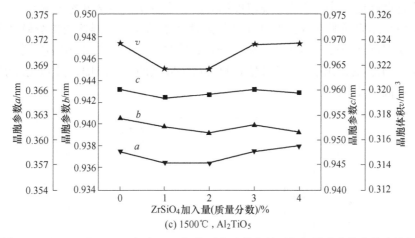

图 3.29 经 1400℃、1450℃和 1500℃烧后各试样中钛酸铝相晶胞参数和晶胞体积

锆英石加入量的继续增大，钛酸铝晶胞参数和晶胞体积呈现整体性增大趋势。分析认为主晶相钛酸铝晶胞参数的改变主要与晶体结构中结构缺陷类型和数量有关。固相反应合成钛酸铝材料过程中引入锆英石，造成结晶相钛酸铝的晶格畸变，随着锆英石加入量的增大，晶体结构中结构缺陷的类型和数量发生改变。

锆英石中 Zr^{4+} 和 Si^{4+} 进入钛酸铝晶体结构，其中氧化锆不会与氧化钛、氧化铝形成化合物，因此，Zr^{4+} 会置换钛酸铝中 Al^{3+} 和 Ti^{4+} 形成置换固溶体。根据 Zr^{4+} 与钛酸铝中 Al^{3+} 和 Ti^{4+} 的半径关系可知，$(r_{Zr^{4+}} - r_{Al^{3+}})/r_{Al^{3+}}$ 为 37.0%，而 $(r_{Zr^{4+}} - r_{Ti^{4+}})/r_{Ti^{4+}}$ 为 19.4%，说明 Zr^{4+} 具备置换钛酸铝中 Ti^{4+} 形成有限固溶的条件，而不具备置换 Al^{3+} 形成有限固溶的条件。$ZrO_2 \xrightarrow{Al_2TiO_5} Zr_{Ti} + 2O_O$ 为 Zr^{4+} 置换钛酸铝中 Ti^{4+} 的缺陷反应方程，可以看出半径较大的 Zr^{4+} 置换 Ti^{4+} 时，钛酸铝晶胞参数随着 Zr^{4+} 加入量增大而逐渐增大，从图 3.29 中 1400℃烧后钛酸铝相晶胞参数 b、c 和晶胞体积随着锆英石加入量增大而逐渐增大的变化趋势可以说明以上缺陷形式的存在。

通过 XRD 定性分析，未出现与二氧化硅相关的物相出现，因此判断锆英石中 Si^{4+} 有进入钛酸铝结构的可能，半径较小的 Si^{4+} 置换 Ti^{4+} 时，钛酸铝晶胞参数会随着 Si^{4+} 置换浓度的增大而逐渐减小。从图 3.29 中 1450℃和 1500℃烧后试样中钛酸铝相晶胞参数所呈现的变化趋势分析，随着煅烧温度的升高，Si^{4+} 进入钛酸铝结构中置换 Ti^{4+} 的可能性增强。当锆英石加入量较大时，随着的 Zr^{4+} 置换 Ti^{4+} 的浓度增大，钛酸铝晶胞出现"膨胀"现象。

C 锆英石对合成钛酸铝材料分解率的影响

图 3.30 为 1400℃、1450℃和 1500℃烧后 0 号、ZS1～ZS4 试样分解率与锆英石加入量之间的关系图。可以看出随着锆英石加入量的增大，合成钛酸铝材料的

分解率逐渐降低，并且随着煅烧温度的升高，合成钛酸铝材料的分解率也逐渐降低。分解率结果说明锆英石可以起到稳定钛酸铝结构、抑制钛酸铝分解的作用，升高煅烧温度同样可以抑制其分解。分析认为锆英石中 Zr^{4+} 和 Si^{4+} 进入钛酸铝晶体结构，与之形成固溶体是钛酸铝材料分解率降低的主要原因，升高煅烧温度促进了置换固溶体的形成。

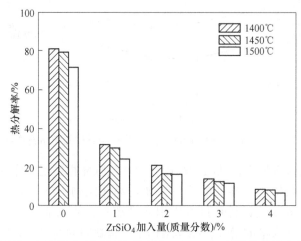

图 3.30　1400℃、1450℃和 1500℃烧后 0 号、ZS1~ZS4 试样热分解率的变化趋势图

D　锆英石对合成钛酸铝材料显微结构的影响

图 3.31 为 1400℃烧后 0 号试样、1450℃烧后 ZS2 试样和 1500℃烧后 ZS4 试样断面显微结构。可以看出 1400℃烧后 0 号试样显微结构中钛酸铝晶体结构特征不明显，沿晶粒边缘出现有多条裂纹，玻璃相主要集中在钛酸铝晶界位置。1450℃烧后 ZS2 试样中晶粒有长大趋势，裂纹数量减少，裂纹长度变短。1500℃烧后 ZS4 试样中主晶相钛酸铝晶体结构特征明显，晶粒发育完全，条柱状的钛酸铝相在显微结构中纵横交错。各烧后试样断面微观结构变化说明温度升高以及锆英石加入量增大对于锆英石晶体发育有利，从结构中裂纹数量减少的现象也可以证明加入锆英石有抑制钛酸铝分解的作用。分析认为钛酸铝配方中引入锆英石促进了高温状态下钛酸铝材料中固/液间的离子交换，液相逐渐增多，主晶相钛酸铝的晶粒逐渐长大。

图 3.32 为 1400℃、1450℃和 1500℃烧后 0 号、ZS1~ZS4 各试样相对结晶度的变化趋势。可以看出 1400℃烧后试样相对结晶度随钛酸铝加入量变化不明显。而随着煅烧温度升高，经 1500℃烧后各配方试样的相对结晶度明显增大，并且随着锆英石加入量增大而显著降低。试样相对结晶度增大说明钛酸铝材料中结晶相数量增多，结晶相特征更为显著。分析认为锆英石引入的部分二氧化硅与铝钛渣中杂质成分形成的高温液相为钛酸铝结晶提供了发育条件，而当试样冷却至室

(a) 0号, 1400℃   (b) ZS2, 1450℃   (c) ZS4, 1500℃

图 3.31   1400℃烧后 0 号试样、1450℃烧后 ZS2 试样和 1500℃烧后 ZS4 试样断面显微结构图

温，部分高温液相形成玻璃相。二氧化硅作为高温液相的网络形成体，随着锆英石加入量增大而逐渐增多，高温液相黏度逐渐增大，因此室温条件下玻璃相数量增加，烧后试样相对结晶度有所降低。

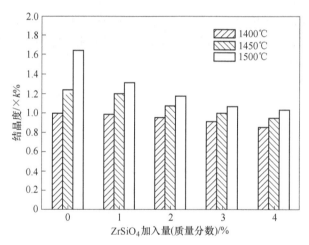

图 3.32   1400℃、1450℃和 1500℃烧后 0 号、ZS1～ZS4 试样相对结晶度的变化趋势图

E   锆英石对合成钛酸铝材料烧结性能的影响

图 3.33 为 1400℃、1450℃和 1500℃烧后的 0 号、ZS1～ZS4 试样体积密度和显气孔率的变化趋势图。可以看出，煅烧温度升高，烧后钛酸铝材料的体积密度增大，显气孔率减小。随着锆英石加入量增大，不同温度烧后钛酸铝材料体积密度均呈现出逐渐增大趋势，显气孔率逐渐减小趋势。试验结果说明，升高煅烧温度有利于钛酸铝材料的烧结致密性，加入锆英石促进了钛酸铝材料的烧结。分析认为，温度升高导致材料结构中热缺陷浓度增大，钛酸铝材料的固相反应和烧结行为增强，锆英石中 Zr^{4+} 和 Si^{4+} 对 Ti^{4+} 的置换作用所导致的结构畸变加速了钛酸铝材料结构中离子交换。

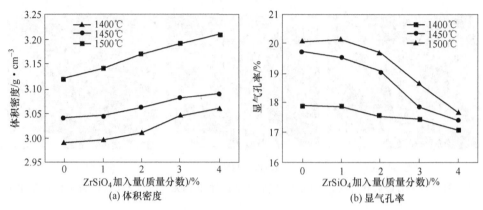

图 3.33   1400℃、1450℃ 和 1500℃ 烧后 0 号、ZS1~ZS4 试样体积密度和显气孔率

　　研究发现系统中加入锆英石可以促进钛酸铝的原位反应，随着锆英石加入量增大，合成钛酸铝材料的分解率逐渐降低，体积密度逐渐增大，材料的烧结性逐渐增强。随着煅烧温度的升高，锆英石对合成钛酸铝材料性能影响增大，锆英石中 Zr^{4+} 和 Si^{4+} 对钛酸铝中 Ti^{4+} 的置换作用致使钛酸铝相的晶格发生畸变，有利于抑制合成钛酸铝材料的分解。

4 CaO-TiO₂合成耐火材料

CaO-TiO₂合成耐火材料重点以钙钛矿为重点，钛酸钙因具有良好的热致变效应、晶体结构稳定性、高热稳定性以及钙钛离子对其他化合价不同离子的复合性都符合耐火材料应具备的特性，但钛酸钙的这种特性主要应用在电学、光学、传感器等领域较多，而这种特性在耐火材料方面的应用报道却为数不多。因此，本章内容主要是利用传统的高温固相法合成纯钛酸钙、富钙钛酸钙、富钛钛酸钙材料，通过探究添加剂对合成钛酸钙的影响，希望对耐火材料制品的物理化学性能有所提高，为钛酸钙在耐火材料方向的应用提供基础理论数据。

4.1 钛酸钙

钛酸钙为钛酸盐家族，是 1839 年被德国化学和矿物学家 Gustov Rose 在俄罗斯中部境内的乌拉尔山脉发现并命名的。钛酸钙的化学分子式为 $CaTiO_3$，相对分子质量为 135.98，其化学组成比例为 $w(CaO) = 41.24\%$、$w(TiO_2) = 58.76\%$，是一种高熔点材料（熔融温度 1915℃），常见的钛酸钙有浅黄色、黄色、褐色、灰黑色等，条痕状白色或灰黄，金属光泽。

图 4.1 所示为理想的钛酸钙结构，属于立方晶系，简单立方点阵，空间群为 Pm3m。每个晶胞包含五个离子，Ca^{2+} 在立方体的顶角，周围有 12 个 O^{2-} 配位数为 12，O^{2-} 在立方体六个面的面心位置，每个 O^{2-} 被 4 个 Ca^{2+} 和 2 个 Ti^{4+} 围绕，配位数为 6，而较小的 Ti^{4+} 周围有 6 个 O^{2-} 配位，填充于八面体空隙中，这个位置同时是 Ca^{2+} 构成的立方体中心。钛酸钙晶体极易通过 TiO_6 旋转或者阳离子发生位移而导致晶格发生畸变降低晶体结构对称型，所以钛酸钙常常在立方、四方和斜方晶系之间相变，并且钙钛矿有着大小相差很大的阳离子使钛酸钙具有很高的稳

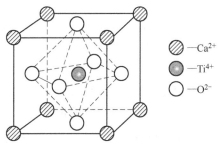

图 4.1 钛酸钙晶体结构图

定性。因此，钛酸钙这种材料可以在物理化学、材料科学等领域广泛应用。

4.1.1 CaO-TiO$_2$ 二元系统相图

图 4.2 为 CaO-TiO$_2$ 二元系统相图。可以看出在 CaO-TiO$_2$ 系统相图中显示有 3 个钛酸钙组成，分别为 CaTiO$_3$、Ca$_3$Ti$_2$O$_7$（3CaO·2TiO$_2$）和 4CaO·3TiO$_2$。从图可以看出这 3 种化合物彼此的熔融温度相差很大，Ca$_3$Ti$_2$O$_7$ 大约在 1740℃ 发生转熔分解为 CaTiO$_3$；4CaO·3TiO$_2$，在 1755℃ 发生转熔分解为 CaTiO$_3$；CaTiO$_3$ 是 CaO-TiO$_2$ 二元相图中的唯一稳定相，其熔点达到 1915℃，其余那两种同素异形钛酸钙不稳定相在高温下可以发生分解生成稳定 CaTiO$_3$ 相。偏钛酸钙 CaTiO$_3$ 在钙钛摩尔配比 $n=1$ 时生成较纯且稳定，但是从相图可以看出生成钛酸钙在钙钛不同配比下所对应的生成温度有所不同，一个对应相图右半侧温度在较低温下生成，另一种则对应相图左半侧在高温下生成，本节主要侧重研究该相图的左半侧（即对应高温区）随着钙钛摩尔配比的不同在不同温度下生成钛酸钙的情况。

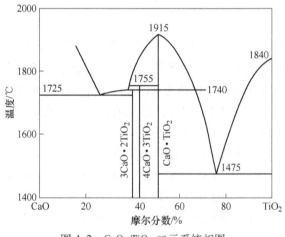

图 4.2 CaO-TiO$_2$ 二元系统相图

4.1.2 CaO-TiO$_2$ 合成耐火材料热力学

高温固相法合成钛酸钙，由于温度不同钛酸钙晶格发生畸变、原子间的多种相变等缘故，其合成的钙钛产物随温度不同通常有 CaTiO$_3$、Ca$_4$Ti$_3$O$_{10}$、Ca$_3$Ti$_2$O$_7$、CaTi$_4$O$_9$、Ca$_2$Ti$_5$O$_{12}$、CaTi$_2$O$_5$ 等。在相对较高温度下其合成产物主要为 CaTiO$_3$、Ca$_4$Ti$_3$O$_{10}$、Ca$_3$Ti$_2$O$_7$，其化学反应方程方程式如下所示：

$$CaO+TiO_2 \Longrightarrow CaTiO_3$$

$$CaO+(3/4)TiO_2 \Longrightarrow (1/4)Ca_4Ti_3O_{10}$$

$$CaO+(2/3)TiO_2 \Longrightarrow (1/3)Ca_4Ti_3O_{10}$$

针对以上 3 个方程式，查找热力学手册数据，分别计算出以上 3 种钛酸钙的吉布斯自由能 ΔG，并整理数据列出如图 4.3 所示的吉布斯自由能（ΔG）与温度（T）之间的变化情况。从图可以看出 3 种钛酸钙合成的吉布斯自由能均随着温度升高而呈下降趋势且都小于 -80kJ/mol，可以推测出上述 3 种反应均能自发进行，生成相应的钛酸钙物相。

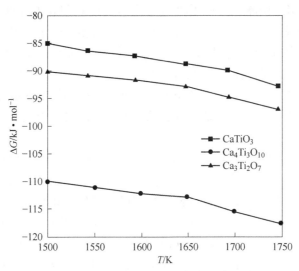

图 4.3 钛酸钙的吉布斯自由能与温度的关系

4.1.3 CaO-TiO₂ 耐火材料的合成方法

钛酸钙的合成方法有固相反应合成法、机械力化学合成法、熔盐合成法、化学共沉淀法、溶胶凝胶法及水热合成法。以下是对这几种合成钛酸钙方法的简单介绍。

固相反应合成法为合成 $CaTiO_3$ 粉体普遍使用的方法，通过 TiO_2 和 CaO 或 $Ca(OH)_2$ 或 $CaCO_3$ 为原料，按一定的化学计量比，经过长时间的机械混合，在温度较高（$T > 1300℃$）、时间较长的环境下两种原料发生固相扩散反应来制备 $CaTiO_3$，制备出的 $CaTiO_3$ 硬度高，形状为块状结构，需要接下来进行破碎、研磨方可得到不同目数的粉状 $CaTiO_3$。韩冲等人采用两种原料分别为碳酸钙与二氧化钛，在 1400℃保温 2h 的制备状态下固相反应合成颗粒尺寸为 5μm 的钛酸钙。由于这种方法通过机械研磨混合原料物料，需要的合成条件不仅是较高的煅烧温度，且相应比较长的保温时间，这就容易造成晶粒长大快，所以该方法不适合精密的陶瓷材料的生产使用。但是，对于合成钛酸钙作为耐火材料用料来讲，固相反应合成钛酸钙具有原料易得、原理简单、合成污染少、生产工艺简单、制品机械强度大等优点。

机械力化学合成法是制备非金属材料和纳米陶瓷材料的重要方法之一，该法原理是通过外加产生的机械能使固体物质产生形状变化、晶状结构改变，进而触发在物理上与化学上的相应变化。吴其胜等人通过行星式球磨机，公转速度设置是 300r/min，自转速度设置是 200r/min，将一定化学计量比氧化钙和锐钛矿（或金红石）粉体进行球磨 40h，始终控制温度在 60℃以下，制备得到晶粒尺寸为 20~30nm 的 CaTiO₃ 粉体，分析了机械力化学合成法制备 CaTiO₃ 过程的 3 个阶段，并且发现锐钛矿晶型转变为金红石时，具备相对的更优异的反应活性。机械力化学化合成钛酸钙的方法具有原料采集简易、制备工艺不繁琐的优势，但是，这个方法合成的钛酸钙晶粒尺寸、颗粒的形貌及相组成都受球磨时间影响，需要球磨时间过长，能量较大，产率低，此外，高频率长期的震动方式从球磨机介质中引入一些杂质会降低合成钛酸钙的纯度。所以机械力化学方法合成钛酸钙应用仍不广泛。

熔盐合成法为利用低熔点盐类作为反应发生介质，当氧化物在某种盐类中溶解时，能够快速扩散，使多种氧化物在液相中以分子、原子级别上均匀混合并发生固液反应合成产物，经过过滤和洗涤得到最终制品。陈万兵等人以碳酸钙和二氧化钛为原料，氯化钙为反应介质，将混合物经过球磨机混合 10min，在 800℃保温 3h，冷却后，反复洗涤过滤掉熔盐得到粒度小于 0.5μm 的钛酸钙粉体。熔盐合成法制备钛酸钙，与传统的固相反应法合成相比，合成温度相对较低、产物成分均匀稳定、晶体形貌好、纯度高，但是反应消耗大量熔盐，且反应后续处理工艺复杂。

化学共沉淀方法为以多种金属盐溶液为原料，混合后充分调制的过程中添加碱性溶液，使溶液中的多种阳离子一起沉淀下来，产生沉淀混合，接着将沉淀物过滤清洁、降低水分、合理温度下煅烧，最终得到复合氧化产物。彭子飞利用化学共沉淀法将 HiTiO₃、H₂O₂、NH₃、Ca(NO₃)₂ 为原料，制备出粒度 0.5μm 钛酸钙粉末，沉淀产物煅烧温度为 650℃保温 2h。通过化学共沉淀方法合成钛酸钙能够制备分布较为均匀的沉淀前驱体产物，产物性质稳定，操作简便，相对于固相法合成钛酸钙粉体，在烧结温度上相比较其温度比较低，节省能源，在烧结时间上其时间上也比传统上时间有很大程度的缩减，具有较高的效率。

溶胶凝胶法为一定比例金属无机盐或金属醇盐被混合在溶剂中，搅拌达到充分混合转变为溶胶，溶胶通过干燥脱水转变成凝胶，通过适当温度下烧结可制备出超细粉体。张启龙等人以钛酸丁酯和硝酸钙为前驱体，二者单独溶解在无水乙醇均匀混合后，把硝酸钙无水乙醇液体倒入钛酸丁酯无水乙醇液体，并且使用浓硝酸和乙醇调节溶液酸碱度，搅拌均匀后得到的溶胶放在 60℃的水浴中 20h 转变为凝胶，把钛酸钙干凝胶在 800℃下煅烧 1h 形成粒度是 60~70nm 钛酸钙。溶胶凝胶法制备钛酸钙粉体的方法使反应发生在溶液中，得到的产物均匀度达到原子级，煅烧温度相对固相反应法有所降低，但是操作复杂，产生有机物对人体有害，溶胶凝胶耗时长，产量小。

水热合成法是在密闭容器（高压反应釜）中进行，通过其他液体进行媒介，在加温和加压情况下合成材料的方法。王荣等人利用水热合成法，将无水氯化钙和四氯化钛分别溶于去离子水和盐酸中，将两种溶液搅拌后加入氢氧化钠溶液，再次调和后，将混合物放在高压反应釜中，温度200℃下保温6h，把反应完成后的沉淀物过滤、洗涤及干燥获得平均晶粒大小为1μm的钛酸钙粉末。通过水热合成法制备钛酸钙粉体具备产物结晶度高、晶粒均匀、稳定性高、反应温度低、能源消耗少等优点。

除了以上5种合成钛酸钙粉体的方法，东北大学的隋智通等还研究了从高钛渣中提取钙钛矿。根据所选材料高钛渣相关基本性质，采用改变熔渣的氧势与化学成分含量，改变钛（主要是钙钛矿）在高钛渣中的分布与其去向，根据这种方法就能够将钛氧化物进行集中利用，再根据调控高钛渣的不同的冷却制度来进行分析选择钙钛矿产生结晶过程中必要的析出与长大的条件，根据需求进行添加不同的合成剂来进行调节高钛渣中钙钛矿的形状，以达到将钛进行组分收集，从而得到钙钛矿的平均晶粒尺寸在40~50μm，但是这种方法提取出的钛酸钙成分复杂，亦不适合直接引入耐火材料。

4.1.4 CaO-TiO₂ 合成耐火材料的发展与应用

钛酸钙作为钙钛矿型氧化物的典型代表，具备了一些良好的具有探索性的良好特性，这些特性如良好介电性能、光催化性、铁电性能、低温超导与光催化、气敏等特性，使钛酸钙在很多领域备受关注。由于这些优良性质的存在，使得钛酸钙在很多领域得到了海内外研究人员的密切关注与开发研究。在电学方面可以用来制作电学元件，如超导体材料、变频电容器的制造等；在光学方面钛酸钙是一种典型的半导体材料，特定条件下可作为光催化剂提高光的催化效率，减小催化时间；在生物相容性方面，钛酸钙能意外的促进骨头细胞的黏附与生长再生，具有良好的生物性能；在传统功能陶瓷方面，由于自身的相对介电常数（140~150），温度系数（1000~1500）×10⁻⁶℃，使以钛酸钙为主晶相的钛酸钙陶瓷普遍应用，由钛酸钙制作的陶瓷其铁电性能、热电性能也十分好。现今也有少量期刊报道钛酸钙的物理化学（高熔点、晶体结构稳定等）特性在耐火材料中的应用。张迪等钛酸钙的合成热力学与动力学研究涉及钛酸钙的耐火材料特性，研究表明钛酸钙这种材料在耐火材料中还有需要开发与利用的价值；与之相对应的钛酸盐如钛酸钡、钛酸铁等在耐火行业中都得以广泛应用。游杰刚等研究了锆酸钙的合成以及在耐火制品中的应用，以上实例的研究都对耐火材料的性质起到了良好的效果。此外通过高配亮所研究的锆酸钙的合成及应用更加验证的钛酸盐的适用性。以上这些研究与发现启示我们挖掘钛酸钙的耐火特性是必须的，也是可行的，同时也可以为钛酸钙的基础研究工作提供非常有意义的价值。

钛酸盐通式为 $MTiO_3$，一般钛酸盐都具有混合金属氧化物结构，M 可以被其他价态的金属离子所取代，如常见的 Ca^{2+}、Ba^{2+}、Fe^{2+} 等。钛酸盐的开发与应用在功能陶瓷、铁电压电材料和光学传感器等各个方面都有着极广泛的使用，其中 $CaTiO_3$ 为钛酸盐也是钙钛矿家族里的一员，同样具有钛酸盐与钙钛矿的双重的一些良好性能，有了这些特性使得钛酸钙在高温高压陶瓷、高频率电容器、PTC 热敏电阻等精密电子元件中有广泛应用。除此之外，$CaTiO_3$ 这种材料还具备有耐火材料所具备的一些良好性能，如常温常压下状态稳定、熔融温度高（1975℃）、晶体结构稳定、热震稳定性好等耐火材料性能，但是 $CaTiO_3$ 的这种耐火特性却在耐火材料方面涉及极少，与钛酸钙相关的应用在耐火材料方面的研究、期刊报道也并不多见。因此，本章采用传统高温固相烧结法合成钛酸钙，分析其合成材料的物相组成、致密度、显微结构及高温性能。主要研究内容是通过高温固相法合成钛酸钙，分别以碳酸钙、氢氧化钙为钙源与钛白粉（二氧化钛）在不同温度、不同钙钛摩尔配比、不同钙源下合成钛酸钙，从合成材料的致密度、物相组成、显微结构方面分析确定其各自合成钛酸钙的最佳合成条件。

4.2　合成富钙钛酸钙的研究

根据图 4.2 所示可以看出，在 CaO-TiO₂ 二元系统相图中，当钙钛摩尔配比 $n = 1$ 时形成的 $CaTiO_3$ 相对较稳定，熔点较高。在相图钙钛配比为 50% 的两侧各对应有一个合成区，分别为温度为 1475℃ 相对低温区合成、1755℃ 高温区合成。本节在所对应的高温区范围内合成钛酸钙（$CaTiO_3$），烧结温度在 1500～1700℃ 之间，钙钛摩尔配比依据相图设定在范围 1～1.4 之间。通过高温固相反应合成法制备富钙钛酸钙，主要研究不同钙源、不同钙钛摩尔配比、不同煅烧温度对合成钛酸钙材料的物相组成、显微结构和致密性性能方面的影响。

4.2.1　原料

4.2.1.1　钙源

本节选取碳酸钙（$CaCO_3$）AR 和氢氧化钙（$Ca(OH)_2$）AR 为实验钙源，两种钙源均来自天津市科密欧化分析纯化学试剂。$Ca(OH)_2$ 一种白色略黏稠的固体粉末，俗称熟石灰，在 600℃ 左右分解为 CaO 和 H_2O，在冶金、耐火、建材、食品等方面应用广泛；$CaCO_3$ 是一种无机中性化合物，白色固体粉末状，在空气中稳定存在，在 900℃ 左右高温分解为 CaO 和 CO_2，是十分重要的玻璃、耐火材料、建筑等工业材料。

4.2.1.2　钛源

选用钛源为锐钛矿型二氧化钛，化学式为 TiO_2，密度为 $3.89g/cm^3$，常见的有 3 种晶型的二氧化钛，分别为锐钛矿、板钛矿与金红石型 TiO_2，锐钛矿具有低温稳定性，610℃时逐渐转换成金红石型，730℃时转换速度显著提高，915℃全部转换成金红石型 TiO_2。实验钛源为分析纯化学试剂。

4.2.2　制备

实验采用高温固相反应法合成钛酸钙，实验过程是将两个钙原料分别与钛白粉按不同的摩尔配比均匀混合，然后在压力机的作用下压制成小圆柱试样，干燥一定时间之后，在预设定的不同烧结温度的抗氧化炉内进行烧结，并在目标温度下保温一定时间，之后将其随炉冷却至室温。由于固相烧结法合成的钛酸钙试样的性能受诸多外界因素的影响，例如混料配料的均匀度、干燥烧结时间、成型压力等，所以实验过程尽量避免了上述的影响因素。将冷却后试样取出来分别对试样进行性能检测，对合成钛酸钙材料的物理化学指标检测有致密性能（体积密度与显气孔率）、XRD 物相分析、扫描电子显微镜（SEM）显微结构分析。从而对比合成钛酸钙材料的性能差异，选出最佳摩尔配比、钙源以及烧结温度的合成钛酸钙方案。

4.2.3　表征

4.2.3.1　物相分析

X 射线物相分析原理是：晶体对 X 射线的衍射的一种物理效应，鉴别结晶物质物相的一种方法。它能确定材料化学组成的同时也能分析得到其物相的含量，广泛应用在材料科学研究试验中。具体实验操作如下：将其烧结好的试样进行粗破磨成小颗粒，然后挑选小颗粒放入玛瑙研钵内研磨成细粉，然后将磨好的细粉用 X-ray 进行矿物组成分析，分析结果运用 X'Pert Highscore 软件根据卡片库与合成材料的图像进行比对粗略对合成材料作定性、定量分析，然后分析其结果。

4.2.3.2　SEM 显微结构分析

扫描电镜的工作原理：具有一定能量粒子轰击样品表面时，粒子击穿物质与原子核发生多次碰撞。一些粒子被弹回则另一些深入样品表面，逐渐失去能量而停止，入射电子能量大多数转化为样品内能从而激发出各种信号，然后扫描电镜接收其信号，对样品进行显微结构分析。具体操作如下：将合成的钛酸钙材料制成小方块状，将其放入烘箱加热到恒温保温几个小时进行煮胶，一定时间之后取出，冷却至室温，把取出来的试样做好标记依次进行研磨，先在磨样机上粗磨后在玻璃板细磨，最后进行抛光处理，在扫描电镜下观察合成钛酸钙的显微结构。

4.2.3.3 致密度

显气孔率：材料中全部的开口气孔体积与材料的总体积的比值，单位用%表示。体积密度：指多孔材料的质量与材料的总体积的比值，单位用 g/cm³ 表示。

$$Pa = (m_3 - m_1)/(m_3 - m_2) \times 100\%$$

$$Db = m_1 \cdot De/(m_3 - m_2)$$

其中：Pa——试样的显气孔率，%；

Db——试样的体积密度，g/cm³；

m_1——干燥试样的质量，g；

m_2——饱和试样的表观质量，g；

m_3——饱和试样在空气中的质量，g；

De——在实验温度下，浸渍液体的密度，g/cm³。

4.2.4 以碳酸钙为钙源合成富钙钛酸钙研究

实验所用原料有分析纯 CaCO₃、分析纯 TiO₂（锐钛矿型），其原料理化性能见表 4.1。

表 4.1   原料理化性能

原料名	化学式	分子量/g·mol⁻¹	含量（质量分数）/%
二氧化钛（AR）	TiO₂	79.88	99 以上
碳酸钙（AR）	CaCO₃	79.88	99 以上

按钙钛摩尔配比 $n = (CaCO_3) : n = (TiO_2) = 1 \sim 1.4$，共分成 5 组，每组物料按不同钙钛配比充分均匀混合后，每组物料各加入物料总质量2%的水混合均匀，粉料经二次成型后在 8MPa 的压力下压制成 φ20mm×10mm 的小圆柱，按钙钛摩尔配比 1~1.4 不同共压制 5 组钛酸钙试样，于 110℃ 干燥 10h，分别在 1500℃、1550℃、1600℃、1650℃、1700℃烧结，保温时间为 2.5h。

现将每组烧后试样研磨成不大于 0.044mm 的粉末，采用 X'pert-powder 型 X 射线衍射仪（Cu 靶 $K_{\alpha1}$ 辐射，电流为 40mA，电压为 40kV，扫描速率 4°/min）进行物相分析；利用阿基米德排水法测定烧后钛酸钙试样的体积密度和显气孔率；并进一步采用德国 Zeiss 型扫描电镜观察每组烧后试样的显微结构。

4.2.4.1 合成温度对以碳酸钙为钙源合成富钙钛酸钙材料相组成的影响

图 4.4 为碳酸钙为钙源不同温度不同钙钛比烧结后钛酸钙试样的 XRD 图谱。

可以看出，不同温度下均制备出以钛酸钙为主晶相的钛酸钙材料，随着 n 的增大，钛酸钙发生同素异形转变导致 $CaTiO_3$ 相减少，逐渐有不稳定 $Ca_4Ti_7O_{10}$ 相和 $Ca_3Ti_2O_7$ 相生成，且 n 越大不稳定相生成趋势越强。从衍射峰来看，随着钙钛比 n 的增大，主峰衍射强度减弱，宽度变宽，根据 Scherrer 公式：$D = K\lambda / \beta\cos\theta$，说明粒子的尺寸减小，这是因为 $CaTiO_3$ 晶体晶胞堆积方式发生变化，由立方-单斜-正交转变生成不稳定相，导致粒子尺寸减小。图谱可以看出 $n=1$ 时图谱上没有其他杂质峰得到了纯度较高的 $CaTiO_3$ 样品，这是因为在高温下 $CaCO_3$ 分解为 CO_2 和 CaO 后，钛酸钙的合成可以看成是 CaO 和 TiO_2 的合成反应。从 $CaO-TiO_2$ 二元相图可知，当 $n(CaO) : n(TiO_2) = 1$ 时混合经高温煅烧后，合成的物相为较纯的钛酸钙，$n > 1$ 时，$CaTiO_3$ 发生同素异形转变，逐渐向 $Ca_4Ti_7O_{10}$ 晶相和 $Ca_3Ti_2O_7$ 晶相转变导致 $CaTiO_3$ 衍射峰较弱，$Ca_4Ti_7O_{10}$ 晶相和 $Ca_3Ti_2O_7$ 晶相衍射峰增强。

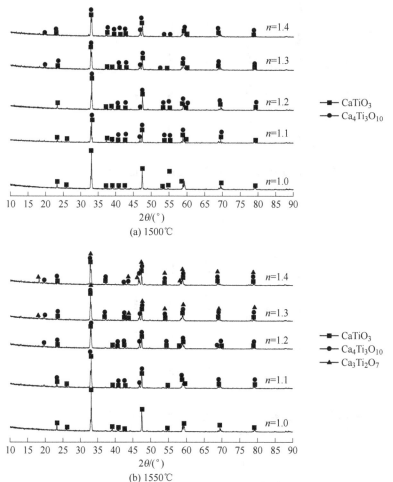

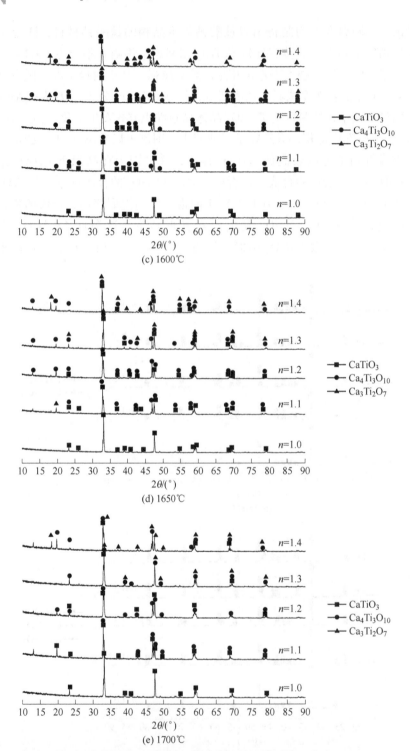

(c) 1600℃

(d) 1650℃

(e) 1700℃

图 4.4   以碳酸钙为钙源高温煅烧后钛酸钙试样的 XRD 图谱

4.2.4.2 合成温度对以碳酸钙为钙源合成钛酸钙材料显微结构的影响

图4.5为不同种温度下钙钛比 $n=1$ 试样烧结后的 SEM 照片。可以看出方块形物质的为 $CaTiO_3$，黑色物质为材料的气孔，从图4.5(a) 和（b）两组图片可以看出 1500℃、1550℃ 均制备出了较稳定钛酸钙，从高倍图片可以看出晶体呈立方型生长，表面平整光滑，晶体发育相对较好，颗粒大小相差不大而且结合紧密，致密性有所增加。从低倍图片可以看出，1500℃ 试样较为疏松，材料中存在较多较大的气孔，试样分布较不均匀，致密度较低；温度高于 1550℃ 时，从高倍照片可以看出晶体光滑面出现台阶晶体再次阶梯生长，晶粒二次结晶生长，大晶粒晶界越过气孔或夹杂物而进一步向邻近曲率半径小的小晶粒中心推进，而使大晶粒成为二次再结晶的核心，不断吞并周围小晶粒而迅速长大，晶粒异常长大，很多气孔存在于颗粒内部，导致材料致密性下降。

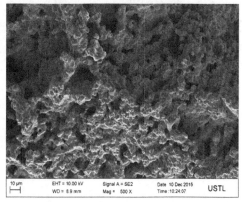

(a) 1500℃试样(5000×)和(500×)

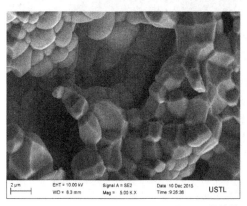

(b) 1550℃试样(5000×)和(500×)

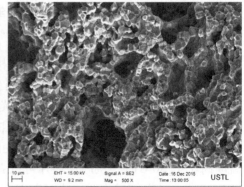

(c) 1600℃试样(5000×)和(500×)

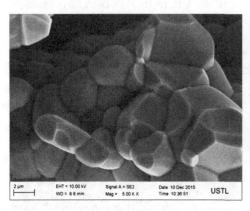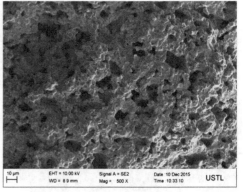

(d) 1650℃试样(5000×)和(500×)

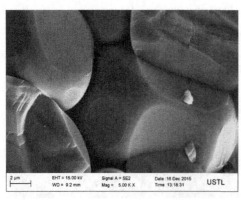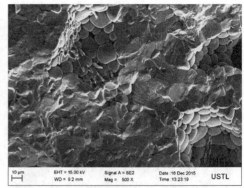

(e) 1700℃试样(5000×)和(500×)

图4.5　以碳酸钙为钙源高温煅烧后钛酸钙试样的微观结构照片

4.2.4.3 合成温度对以碳酸钙为钙源合成钛酸钙材料致密度的影响

图 4.6 所示为不同烧结温度钙钛比 $n=1$ 钛酸钙试样的体积密度和显气孔率。图中可以看出随着烧结温度的升高，试样的体积密度先增大再略有减小，显气孔率先减小而略有增加，综合来看固相法合成钛酸钙材料气孔率较大，1550℃试样体积密度最大，显气孔率相对最小。这是因为 $CaCO_3$ 原料，高温煅烧时 $CaCO_3$ 会受热分解生成 CO_2，煅烧后会留下 CO_2 的排除通道，造成材料在烧结后气孔较多，其次固相烧结物质扩散速度较慢，使原料中的气体很难在短时间内排出，材料很难致密化。随着温度继续升高，样品烧结速度加快，导致 $CaCO_3$ 分解的 CO_2 很难排出，阻碍烧结，同时晶体受高温二次结晶生长，晶粒异常长大，从而导致钛酸钙晶粒内部残留大量气孔，造成材料体积密度下降、显气孔率较大。所以综上所述以碳酸钙为钙源合成钛酸钙从致密度、相组成和微观结构分析认为，以 $CaCO_3$ 和锐钛矿 TiO_2 为原料时，最佳合成工艺条件为：烧结温度 1550℃ 左右，钙钛摩尔比为 $n=1$。

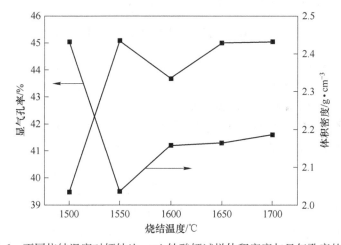

图 4.6 不同烧结温度对钙钛比 $n=1$ 钛酸钙试样体积密度与显气孔率的影响

以钛酸钙 $CaCO_3$ 和钛白粉 TiO_2 为原料通过高温固相法合成钛酸钙，钙钛摩尔配比和烧结温度对合成材料的相组成和显微结构有非常显著的影响。钙钛摩尔比 $n=1$ 时，烧结温度对合成钛酸钙材料的致密性先增大后减小。合成钛酸钙温度控制在 1550℃，钙钛比为 $n=1$ 为最适宜的烧结条件。

4.2.5 以氢氧化钙为钙源合成富钙钛酸钙研究

实验所用原料有分析纯 $Ca(OH)_2$、分析纯 TiO_2（锐钛矿型），其原料理化性能见表 4.2。

表 4.2　原料理化性能

原料名	化学式	分子量/g·mol^{-1}	纯度/%
二氧化钛（AR）	TiO$_2$	79.88	99 以上
氢氧化钙（AR）	CaCO$_3$	79.88	99 以上

按摩尔比 $n[\mathrm{Ca(OH)_2}]$：$n(\mathrm{TiO_2})=1\sim1.4$，共分成 5 组，每组物料按不同钙钛配比充分混合均匀后，每组加入物料总质量 3% 的聚乙烯醇混匀，粉料经二次成型后在 6MPa 的压力下压制成 ϕ20mm×10mm 的圆柱，按不同摩尔比共压制 5 组试样，于 110℃ 干燥 5h，分别在 1500℃、1550℃、1600℃、1650℃、1700℃ 烧结，保温时间为 2.5h。

现将每组烧后试样研磨成不大于 0.044mm 的粉末，采用 X'pert-powder 型 X 射线衍射仪（Cu 靶 K$_{\alpha1}$ 辐射，电流为 40mA，电压为 40kV，扫描速率 4°/min）进行物相分析。利用阿基米德排水法测定烧后试样的体积密度和显气孔率，并进一步采用德国 Zeiss 型扫描电镜观察烧后试样的显微结构。

4.2.5.1　合成温度对以氢氧化钙为钙源合成钛酸钙材料相组成的影响

图 4.7 为氢氧化钙为钙源不同温度不同钙钛比烧结后钛酸钙试样的 XRD 图谱。可以看出，1500℃ 时随着钙钛比 n 的增加均合成了较稳定的 CaTiO$_3$ 相，除了有少量 CaO 相剩余之外，随着 n 的增大，主衍射峰强度、宽度变化不大且主峰无杂质峰存在，说明在此温度下合成 CaTiO$_3$ 相较稳定，且纯度较高；1550~1650℃ 范围区间内，在钙钛比 $n=1$ 时同样合成了无杂质且稳定的 CaTiO$_3$ 相，但是随着钙钛比 n 的增大，逐渐有不稳定相 Ca$_4$Ti$_3$O$_{10}$ 相和 Ca$_3$Ti$_2$O$_7$ 相生成，而且 n 越大生成不稳定相趋势越明显，说明在此温度范围内钙钛比对合成钛酸钙的影响很大，钙钛比越大钛酸钙间的晶型转变越剧烈，所以高温下控制钙钛比在 $n=1$ 较为合适；到了 1700℃ 时，从衍射图谱可以看出，在此温度下原来的不稳定 Ca$_4$Ti$_3$O$_{10}$ 相和 Ca$_3$Ti$_2$O$_7$ 相又全部转化为稳定的 CaTiO$_3$ 相，说明此温度下都以稳定的 CaTiO$_3$ 形式存在，此高温状态下钙钛比已对合成材料的相组成影响不大，不稳定相大部分都转化为稳定 CaTiO$_3$ 相形式存在，说明烧结已基本完成。

4.2.5.2　合成温度对以氢氧化钙为钙源合成钛酸钙材料显微结构的影响

图 4.8 为氢氧化钙为钙源不同种温度下钙钛比 $n=1$ 试样烧结后的 SEM 照片。可以看出 1500℃ 时生成的钛酸钙晶体呈立方形生长，表面平整光滑说明合成钛酸钙已基本处于较稳定状态，颗粒之间紧密结合，气孔较少，结构相比碳酸钙合成来说致密许多；随着烧结温度的升高呈立方形的钛酸钙颗粒逐渐向球形颗粒发育

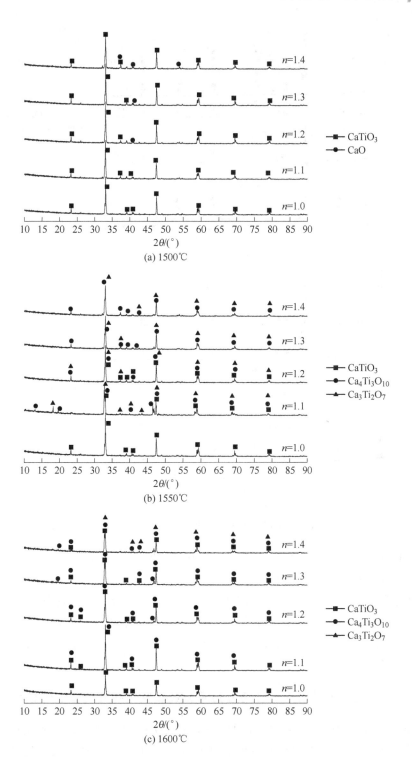

(a) 1500℃

(b) 1550℃

(c) 1600℃

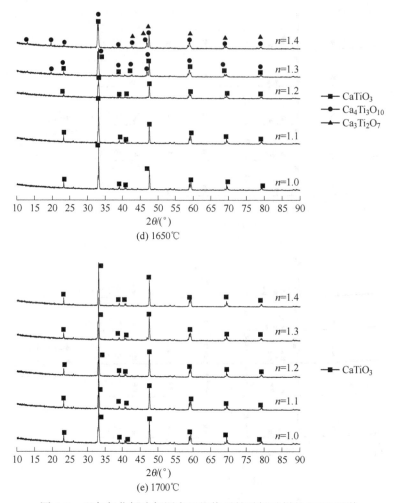

图 4.7   以氢氧化钙为钙源高温煅烧后钛酸钙试样的 XRD 图谱

且颗粒体积变大，颗粒团聚现象明显；在1650℃时图谱可以看出球形的钛酸钙晶体一个一个紧密分布，中间呈长条形片状的为不稳定相 Ca₄Ti₃O₁₀ 和 Ca₃Ti₂O₇ 相，但是数量较少，晶体大多都以稳定相存在；1700℃时合成的钛酸钙试样结构致密，从外观来看材料异常坚硬收缩明显，从烧后试样表面可以看出，试样发灰黑试样过度烧结，所以导致试样的钛酸钙试样在高倍电镜下晶体尺寸大小、晶界等无法看得十分清晰。

4.2.5.3   合成温度对以氢氧化钙为钙源合成钛酸钙材料致密度的影响

图 4.9 所示为以氢氧化钙为钙源 $n=1$ 不同烧结温度烧后试样的体积密度和显气孔率图。可以看出，随着烧结温度的升高，合成试样的体积密度先略有减小

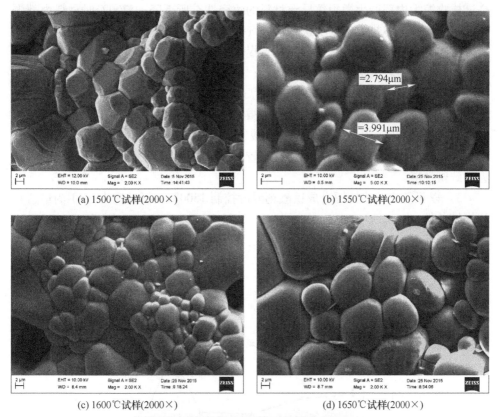

(a) 1500℃试样(2000×)　　　　(b) 1550℃试样(2000×)

(c) 1600℃试样(2000×)　　　　(d) 1650℃试样(2000×)

(e) 1700℃试样(2000×)

图4.8　以氢氧化钙为钙源高温煅烧后钛酸钙试样的衍射图谱

再快速升高，显气孔率先增加后减小。可能原因是1500℃时合成的钛酸钙相对较稳定，颗粒之间紧密结合，大小分布均匀，由于$Ca(OH)_2$分解为CaO与水蒸气，水蒸气在烧结过程中排出，留下气孔导致材料气孔率较大；随着温度升高，材料内部颗粒发生团聚，导致颗粒之间气孔孔道减少，所以气孔率下降，此外温度升高试样收缩大内部产生微裂纹导致材料的致密性有所下降；1700℃时材料内部颗粒体积变大，气体排出速度增快，造成气孔较少，方镁石的膨胀作用使原有的微裂纹再次补合上，因而致密性得到显著提升。综合看，以氢氧化钙为钙源1500℃合成钛酸钙材料较为适宜。研究发现：

1）温度较低时（<1500℃），钙钛摩尔配比对合成钛酸钙的物相组成影响很小；不同煅烧温度对合成钛酸钙材料的微观结构、致密性能影响很大。

2）以氢氧化钙为钙源固相合成钛酸钙温度相比碳酸钙合成来说温度所需较低，温度过高导致合成材料过硬，收缩较大，钛酸钙晶体之间异形转变，影响材料的致密性能。

3）以氢氧化钙为钙源合成钛酸钙温度控制1500℃，钙钛比为 $n=1$ 为最适宜的烧结条件。

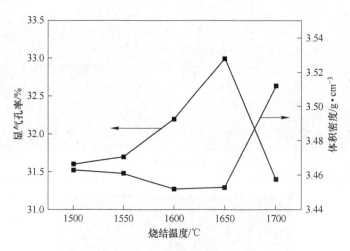

图 4.9   试样的体积密度和显气孔率

4.3   合成纯钛酸钙材料的研究

4.3.1   原料

试验所用原料与上述的相同有分析纯 $CaCO_3$、分析纯 $Ca(OH)_2$ 和分析纯锐钛矿型 TiO_2，其原料参数见表4.1与表4.2。

4.3.2   制备

按两种钙源都以钙钛摩尔比 $n(CaCO_3/Ca(OH)_2):n(TiO_2)=1$ 各配置一定质量物料，不同钙源的物料加入总质量2%的酒精均匀混匀，粉料经二次破碎成型后在7MPa的压片机下压制成 $\phi20mm×10mm$ 的圆柱，于110℃干燥4h后，分别在1500℃、1550℃、1600℃、1650℃、1700℃烧结，保温时间为2.5h。

4.3.3 表征

测其烧后钛酸钙试样各自的体积密度与显气孔率，然后将每组烧后试样研磨成不大于0.044mm的粉末，采用X'pert-powder型X射线衍射仪（Cu靶$K_{\alpha1}$辐射，电流为40mA，电压为40kV，扫描速率4°/min）进行物相分析，并进一步采用扫描电镜观察烧后试样的显微结构。

4.3.4 合成纯钛酸钙材料性能分析

4.3.4.1 钙源对不同温度下合成纯钛酸钙材料相组成的影响

图4.10为不同钙源钙钛比$n=1$试样烧结后钛酸钙试样的XRD图谱。可以看出，两种钙源在控制钙钛比$n=1$时均制备出较纯的以钛酸钙为主晶相的钛酸钙材料。从衍射峰来看，主要衍射峰位置大致相同，与标准完全吻合，说明高温固相法合成的钛酸钙较纯；在1500~1550℃范围时，两种钙源合成的钛酸钙主衍射峰高度、宽度相近，说明在此温度下钛酸钙结晶程度相近，但是碳酸钙衍射峰明显要比氢氧化钙衍射峰高而细，说明以碳酸钙合成的钛酸钙结晶程度较好，其1550℃时峰强度最好；1600~1650℃范围内，从图谱可以看出，两种钙源合成钛酸钙衍射峰强度均有下降趋势，以氢氧化钙为钙源合成钛酸钙的主峰衍射强度变化明显，说明在此温度范围晶粒尺寸变化明显，而以钛酸钙为钙源的钛酸钙衍射峰强度略有下降，晶粒粒度变化不大，说明不同钙源对合成钛酸钙材料的晶粒尺寸有很大影响；1700℃时，从图谱可以看出，衍射峰分布情况再次达到一致，衍射峰的半宽高、衍射强度近似接近，说明以此时两种钙源合成钛酸钙在此温度时晶粒大小和晶格位错情况基本一致，衍射峰强度接近说明此时钛酸钙物相对射线的吸收情况、晶面的发育情况也相似，此温度下两种钙源合成钛酸钙基本稳定。

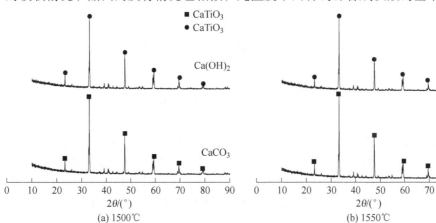

(a) 1500℃ (b) 1550℃

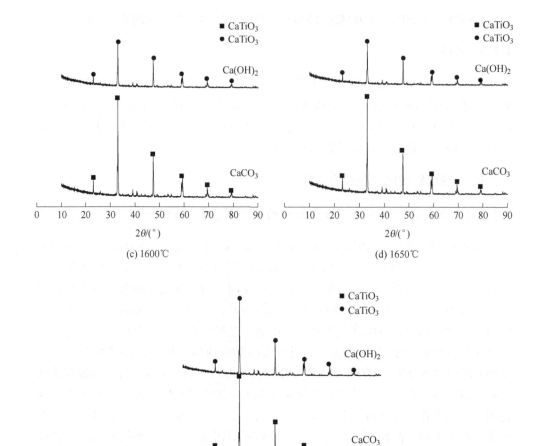

图 4.10　不同钙源烧结后钛酸钙试样的 XRD 图谱

4.3.4.2　钙源对不同温度下合成纯钛酸钙材料显微结构的影响

　　图 4.11 为不同温度钙钛比 $n=1$ 试样烧结后试样的 SEM 照片。灰白色的物质为钛酸钙，黑色部分为材料中的气孔。从图 4.11 对比可以看出：以 $CaCO_3$ 为钙源合成的钛酸钙材料晶粒尺寸较小，气孔孔道较多，试样较为不致密，颗粒在温度较低是时呈圆形状态，紧密排布，随着温度的升高，晶体再次生长由原来的圆球形向立方形再向圆柱形生长，颗粒尺寸变化不是很大，1700℃时从图 4.11 可以看出晶体呈圆柱状与 1500℃的 $Ca(OH)_2$ 合成钛酸钙形状相似；以 $Ca(OH)_2$ 为钙源合成的钛酸钙材料在温度较低时晶体呈立方形分布，因为立方形分布导致颗

粒之间小气孔分布较多，颗粒之间有序排列，随着温度升高，晶体由立方形状态向圆形发育，致密性加强，温度超过 1650℃时试样收缩明显，发黑，异常坚硬，晶体在高倍电镜下晶界分布不是很清楚。

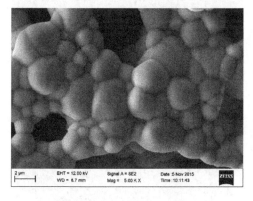

(a) 1500℃，$CaCO_3$(5000×)

(b) 1500℃，$Ca(OH)_2$(5000×)

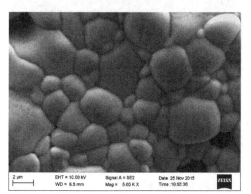

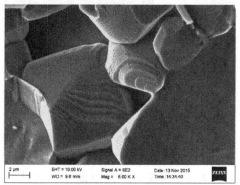

(c) 1550℃，$CaCO_3$(5000×)

(d) 1550℃，$Ca(OH)_2$(5000×)

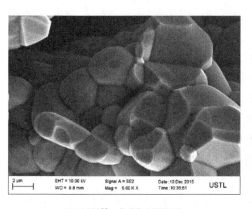

(e) 1600℃，$CaCO_3$(5000×)

(f) 1600℃，$Ca(OH)_2$(500×)

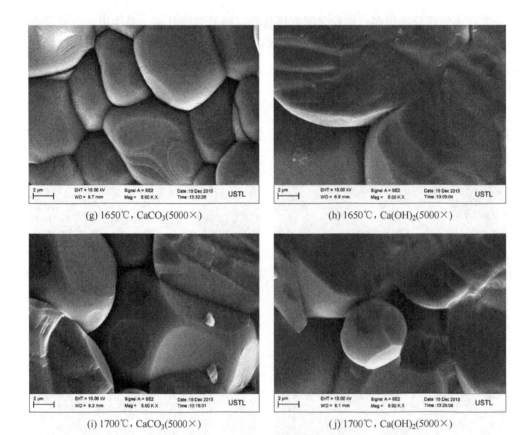

(g) 1650℃, CaCO₃(5000×)   (h) 1650℃, Ca(OH)₂(5000×)

(i) 1700℃, CaCO₃(5000×)   (j) 1700℃, Ca(OH)₂(5000×)

图 4.11   不同温度烧结后试样的 SEM 照片

4.3.4.3   钙源对不同温度下合成纯钛酸钙材料致密性的影响

图 4.12 为两种钙源钙钛比 $n=1$ 试样烧后的致密性图谱。从图 4.12 可以看出以 CaCO₃ 为钙源合成的钛酸钙试样的体积密度先变大后减小，显气孔率先突然减小再增加。在 1550℃时合成钛酸钙的致密性较好此时合成钛酸钙密度为 2.25g/cm³，显气孔率为 38.5%；从图 4.12 可以看出以 Ca(OH)₂ 为钙源合成的钛酸钙试样的平均体密相比之下较以 CaCO₃ 为钙源合成的钛酸钙试样的密度大（从上述合成钛酸钙试样的电镜图片也可以看出），在 1500℃时合成钛酸钙试样的致密性较好，此时合成钛酸钙密度为 3.46g/cm³，显气孔率为 31.5%；体积密度先减小后增加，而显气孔率增大再减小，1650℃时图像变化明显可能因为此温度下合成钛酸钙材料结晶度差，TiO₂ 结晶能力变强，由原来细小的晶体结晶形成粗大针状晶体，使钛酸钙材料产生空隙，致密度下降。

研究发现高温固相法合成钛酸钙，不同钙源对合成钛酸钙的相组成、显微结构没有影响，但是合成的钛酸钙材料的致密性，颗粒大小、分布均匀性差距很

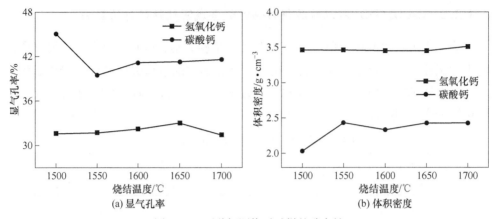

图 4.12　两种钙源烧后试样的致密性

大；烧结温度对 $CaCO_3$ 为钙源合成的钛酸钙影响相对较小，颗粒大小变化不大，晶体发育比较稳定；以 $Ca(OH)_2$ 为钙源合成的钛酸钙受温度变化明显，颗粒大小、晶格位错发生变化，温度过高导致材料收缩过大，影响耐火材料烧结，合成的钛酸钙试样致密度相对较好，合成钛酸钙所需温度相对较低。

4.4　合成富钛钛酸钙研究

4.4.1　原料

试验所用钙源为分析纯 $CaCO_3$、分析纯 $Ca(OH)_2$ 和分析纯 TiO_2（锐钛矿型、金红石型和板钛矿型），其原料参数见表 4.1 与表 4.2。

4.4.2　制备

4.4.2.1　以钛酸钙为钙源低温固相反应烧结法制备钛酸钙研究

采用 $CaCO_3$ 和锐钛矿为原料，按原料配比 $n(CaCO_3) : n(TiO_2) = 1 : 1$ 配料，将混合料置于振动磨中，反复混合 3 次，每次 3min，将混合均匀的原料用二次成型法干法成型，成型压力为 200MPa，压制成 ϕ20mm×20mm 的圆柱形试样，表 4.3 显示的是不同煅烧温度的试验方案，按表 4.3 所示，将成型后的试样分别在 1300℃、1350℃、1400℃、1450℃下煅烧并保温 2h，并分别标记为 1~4 号试样，试样烧后随炉冷却。

表 4.3　不同煅烧温度的试验方案

项目	1 号	2 号	3 号	4 号
煅烧温度/℃	1300	1350	1400	1450

4.4.2.2 CaCO$_3$/TiO$_2$ 对以钛酸钙为钙源低合成富钛钛酸钙的影响

表 4.4 所示为不同 CaCO$_3$/TiO$_2$ 摩尔配比试验方案，分别标记为 5~7 号试样，与上述试验的混炼成型过程一致，在上述试验确定的最佳温度条件下煅烧试样，采用与上述试验一致的检测手段对试验结果进行分析，确定合成钛酸钙的最佳 CaCO$_3$/TiO$_2$ 摩尔比。

表 4.4 不同 CaCO$_3$/TiO$_2$ 摩尔配比的试验方案

项目	5 号	6 号	7 号
n（CaCO$_3$）：n（TiO$_2$）	1.2	1.4	1.6

4.4.2.3 不同钛源对以钛酸钙为钙源低合成钛酸钙的影响

表 4.5 所示为不同钛源的试验方案，按表所示选择原料，分别标记为 8~10 号试样，按上述试验确定的 CaCO$_3$/TiO$_2$ 摩尔比为 1∶1 进行配料，混炼、成型，在最佳温度条件下煅烧试样，采用与上述试验一致的检测手段对试验结果进行分析并确定合成钛酸钙的最佳钛源。

表 4.5 不同钛源的试验方案

项目	8 号	9 号	10 号
钛源名称	板钛矿	金红石	锐钛矿

4.4.3 表征

根据国家标准 GB/T 2997—2000 分别检测烧后试样的显气孔率和体积密度（所用介质为煤油，密度 0.8g/cm^3），测其烧后钛酸钙试样体积密度与显气孔率，然后将每组烧后试样研磨成不大于 0.044mm 的粉末，采用 X'pert-powder 型 X 射线衍射仪（Cu 靶 K$_{\alpha1}$ 辐射，电流为 40mA，电压为 40kV，扫描速率 4°/min）进行物相分析、并进一步采用扫描电镜观察烧后试样的显微结构。通过 Highscore Plus 软件对试样的 XRD 图谱进行定性和定量分析；用扫描电子显微镜观察试样的晶体形貌和尺寸，通过以上检测结果分析确定合成钛酸钙的最佳煅烧温度。

4.4.4 以碳酸钙为钙源合成钛酸钙（富钛）研究

4.4.4.1 合成温度对以碳酸钙为钙源合成富钛钛酸钙材料的影响

以碳酸钙为钙源、锐钛矿作为钛源，按 n(CaCO$_3$)：n(TiO$_2$)＝1∶1 配比，经过不同温度煅烧后，经检测，试样的体积密度和显气孔率、线变化率、常温耐压强度与煅烧温度的关系，如图 4.13 所示。由图 4.13 可知，随着煅烧温度的升高，试样体积密度呈现先增大后减小，试样的显气孔率则先减小后增大，最值位置在温度为 1450℃ 处，试样体积密度 $3.98g/cm^3$，显气孔率 0.4%。相对而言，低温煅烧后的试样密度小、气孔大的原因是低温烧结时，$CaCO_3$ 分解成 CaO 速度缓慢，产生的 CO_2 气体排出也慢，残留在试样内部气孔，导致试样致密度较差，常温时，残余的 CaO 水化，试样表观气孔增多也能造成试样致密性差。

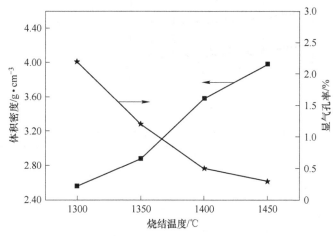

图 4.13　试样的体积密度和显气孔率与煅烧温度的关系

图 4.14 所示为不同温度烧后试样的 XRD 图谱。由图可知，经过 1300～1450℃ 烧后的所有试样的衍射峰均为 $CaTiO_3$ 相，即主晶相都是 $CaTiO_3$ 物质，而且随着温度升高，$CaTiO_3$ 的衍射峰的强度也增强，但是，有的试样还出现了其他相的衍射峰，1300℃ 烧后试样的衍射图谱中还存在 CaO、TiO_2 和 $CaTi_2O_4$，1350℃ 试样中有 $CaTi_2O_4$，1400℃ 烧后试样中有 TiO_2，只有 1450℃ 烧后试样完全生成 $CaTiO_3$。分析现象原因：当烧结温度为较低时，$CaCO_3$ 分解速率比较慢，温度达到 900℃ 左右 $CaCO_3$ 才能快速分解，而 TiO_2 发生快速晶型转变（锐钛矿转变为金红石）的温度为 600℃ 左右，温度低时，两种反应物的活性差距比较大，已经形成的 $CaTiO_3$ 还能继续固溶 TiO_2 生成 $CaTi_2O_4$ 固溶体，所以，产物中出现 $CaTi_2O_4$，但是这种钙钛矿型氧化物高温下并不稳定，还会分解成 $CaTiO_3$ 和 TiO_2。另外，由图 4.2 钙钛氧化物系统相图可知，高温下 $CaTiO_3$ 的形成是有液相参与的，而且温度越高，液相量越多，反应物互相润湿融合的能力提高，反应进行得越彻底，所以，煅烧温度越高，烧后试样中 $CaTiO_3$ 衍射峰越强，生成的 $CaTiO_3$ 含量也越多，通过 Highscore Plus 软件对每个 XRD 图谱拟合半定量分析得到，表 4.6 所示的不同温度烧后试样的晶相含量，可见在 1450℃ 下煅烧合成的 $CaTiO_3$ 含量最多最纯，达到 100%。

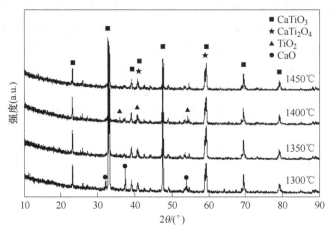

图 4.14　不同温度烧后试样的 XRD 图谱

表 4.6　不同温度烧后试样的晶相含量（质量分数）　　　　　（%）

试样	1300℃	1350℃	1400℃	1450℃
CaTiO₃	81	89	98	100
CaO	4	0	0	0
TiO₂	4	0	2	0
CaTi₂O₄	11	11	0	0

选取 2 号、4 号试样在扫描电子显微镜下观察其显微结构，如图 4.15 所示，经过 1350℃煅烧的 2 号试样放大 1600 倍的 SEM 照片中，试样表面气孔多，致密性不好，CaTiO₃ 晶体形貌不明显，晶粒小，发育不够完全。经过 1450℃煅烧的 4 号试样放大 1600 倍的 SEM 照片中，CaTiO₃ 晶体形貌明显增强，呈立方体紧密排

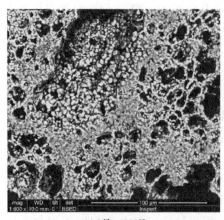

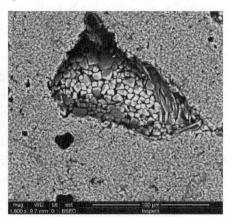

(a) 2 号，1350℃　　　　　　　　　　(b) 4 号，1450℃

图 4.15　不同温度烧后试样的显微照片（1600×）

布，气孔少，致密性好，$CaTiO_3$ 晶粒分布均匀，晶粒尺寸均匀，平均晶粒尺寸为
6.74μm。从 2 号、4 号试样的 SEM 照片可以看出，试样的微观结构形貌发育情
况也随着煅烧温度不同改变，发育最好的仍是 1450℃下烧结的 $CaTiO_3$，与试样
致密性及 XRD 分析结果一致。

以上分析发现，在 1300~1400℃煅烧温度下合成的 $CaTiO_3$ 晶体发育不够
完全，显气孔率大，体积密度小，$CaTiO_3$ 合成率相对低；1450℃下合成的
$CaTiO_3$ 显气孔率最小，体积密度最大，烧结程度最好，晶粒大小均匀，合成率
最高。

4.4.4.2 $CaCO_3/TiO_2$ 对合成富钛钛酸钙的影响

根据不同 $CaCO_3/TiO_2$ 摩尔配比的试验方案，图 4.16 所示为烧后试样的体积
密度和显气孔率图。由图可知，烧后试样的体积密度随 $CaCO_3/TiO_2$ 摩尔配比的
增大而减小，当 $CaCO_3/TiO_2$ 摩尔配比 1.2 增加到 1.6 时，试样体积密度从
3.65g/cm^3 减小为 3.42g/cm^3，试样显气孔率的趋势则与体积密度的趋势正好相
反，原料中 $CaCO_3$ 占摩尔比例越多，烧后试样的显气孔率越大。分析上述现象原
因：一方面，碳酸钙分解成氧化钙后，二氧化钛固溶到氧化钙晶格中，钛原子取
代部分钙原子，产生钙原子空位，形成组织缺陷，空位的产生能够提高扩散系
数，使质点迁移扩散更加便利，促进了 $CaTiO_3$ 的烧结，所以适当提高原料中
TiO_2 添加量的比例有利于 $CaTiO_3$ 的合成；另一方面，当原料中 $CaCO_3$ 占的摩尔
比例多时，$CaCO_3$ 高温下形成氧化钙后，不能全部与等摩尔量的 TiO_2 反应，剩
余的氧化钙在空气中容易水化粉化，导致试样气孔增加，致密性变差，另外，试
样收缩程度越大，烧结体越致密。因此，对于 $CaCO_3$ 加入量占比例多的试样，合
成 $CaCO_3$ 应该比较少，线性收缩小。

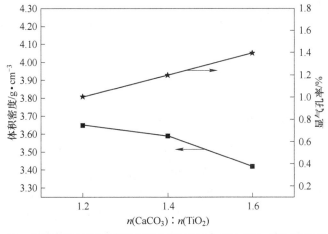

图 4.16 烧后试样的体积密度和显气孔率与 $CaCO_3/TiO_2$ 摩尔配比的关系

图 4.17 所示为不同 CaCO$_3$/TiO$_2$ 摩尔配比试样烧后的 XRD 图谱。图中发现，每组试样的衍射三强峰都是 CaTiO$_3$ 相，并且 CaTiO$_3$ 峰值强度，随着原料配比中 CaCO$_3$ 的摩尔比例减少而增强，当 $n(CaCO_3):n(TiO_2)$ 为 1.2~1.6 时，试样图谱中还存在一些衍射峰强度较大的 CaO 相，且 CaO 衍射峰的强度随 $n(CaCO_3):n(TiO_2)$ 比值增大而增强。通过 Highscore Plus 软件，对每组 XRD 图谱拟合半定量分析，得到试样的晶相含量见表 4.7。

表 4.7   不同试样烧后的晶相含量（质量分数）   （%）

$n(CaCO_3):n(TiO_2)$	1.2	1.4	1.6
CaTiO$_3$	89	87	85
CaO	11	13	15
TiO$_2$	0	0	0

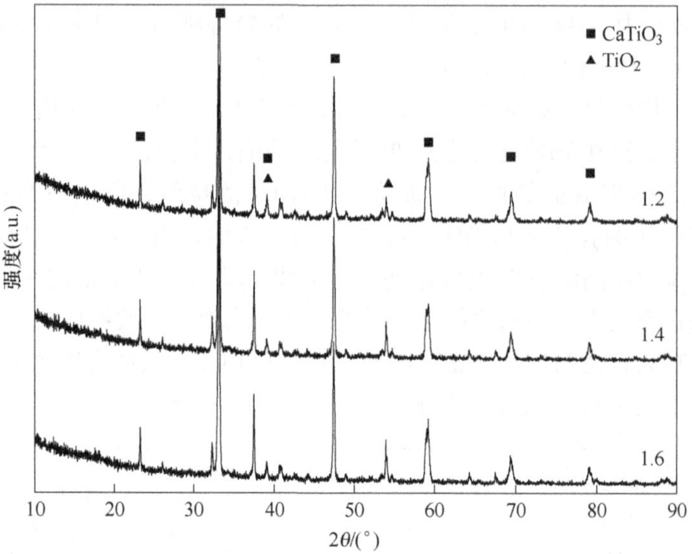

图 4.17   不同 CaCO$_3$/TiO$_2$ 摩尔配比试样烧后的 XRD 图谱

4.4.4.3   钛源对合成钛酸钙材料的影响

三种不同钛源试样，在原料配比为 $n(CaCO_3):n(TiO_2)=1$，温度为 1450℃条件下煅烧 2h，测得的显气孔率和体积密度结果如图 4.18 所示。由图可见，三种钛源试样烧后的显气孔率和体积密度略有差异，三者相比较而言，以锐钛矿作为钛源的试样，致密性最好，强度也最大，其次常温性能好的是以板钛矿为钛源的试样，而以金红石作为钛源的试样常温性能最不好。分析原因：锐钛矿和板钛矿在高温下结构不稳定，都会转变为结构稳定的金红石型 TiO_2，晶体晶型转变时，TiO_2 活性增强，比表面积增大，更容易与氧化钙反应生成钛酸钙，而且，TiO_2 晶型转变时产生的塑性形变，可以使颗粒重新排列而紧密堆积，使试样结构致密度增大，另外，金红石型 TiO_2，高温下结晶能力强，原来细小的晶体再结晶形成粗大的针状晶体，可能使试样烧结时产生空隙，致密度降低。

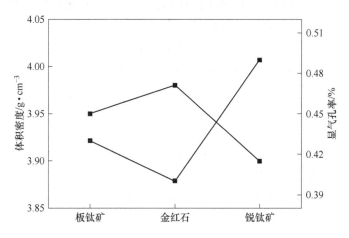

图 4.18　试样烧后的体积密度和显气孔率与三种钛源的关系

原料中二氧化钛种类对固相反法合成钛酸钙的影响不大，相比较而言，以锐钛矿为钛源合成的钛酸钙显气孔率最小，体积密度和常温耐压强度最大。研究发现：采用碳酸钙和锐钛矿固相反应法合成钛酸钙时，最佳的煅烧温度为 1450℃。虽然钛源对钛酸钙的合成影响不大，但采用锐钛矿的合成效果稍好于采用板钛矿和金红石型二氧化钛。

4.4.5　以氢氧化钙为钙源合成富钛钛酸钙的研究

试验钙源选用国药化学试剂公司生产的分析纯的氢氧化钙，$Ca(OH)_2$ 含量（质量分数）为 99%，粒度不大于 0.074mm。钛源分别为板钛矿、金红石、锐钛矿。

（1）以氢氧化钙为钙源低温固相反应烧结法合成钛酸钙的研究。采用 $Ca(OH)_2$ 和锐钛矿为原料，按原料配比 $n[Ca(OH)_2]:n(TiO_2)=1:1$ 配料，将混合料置于振动磨中，反复混合 3 次，每次 3min，将混合均匀的原料用二次成型法干法成型，成型压力为 200MPa，压制成 $\phi20mm \times 20mm$ 的圆柱形试样，表 4.8 显示的是不同煅烧温度的试验方案，按表 4.8 所示，将成型后的试样分别在 1200℃、1250℃、1300℃、1350℃、1400℃ 下煅烧并保温 2h，并分别标记为 1~5 号试样，试样烧后随炉冷却。

表 4.8   不同煅烧温度的试验方案

项目	1 号	2 号	3 号	4 号	5 号
煅烧温度/℃	1200	1250	1300	1350	1400

（2）Ca（OH）$_2$/TiO$_2$ 摩尔配比对以氢氧化钙为钙源的钛酸钙的影响。表 4.9 所示的是不同 Ca（OH）$_2$/TiO$_2$ 摩尔配比的试验方案，按表所示配料，分别标记为 6~8 号试样，与上述试验混炼成型过程一致，在上述试验确定的最佳温度条件下煅烧试样，采用与上述试验一致的检测手段对试验结果进行分析。

表 4.9   不同 Ca（OH）$_2$/TiO$_2$ 摩尔配比的试验方案

项目	6 号	7 号	8 号
$n[Ca(OH)_2] : n(TiO_2)$	1.2	1.4	1.6

（3）钛源对以氢氧化钙为钙源的钛酸钙的影响。表 4.10 所示的是不同钛源的试验方案，按表所示选择原料，分别标记为 9~11 号试样，按上述试验确定的最佳 Ca（OH）$_2$/TiO$_2$ 摩尔比进行配料，混炼、成型，在最佳温度条件下煅烧试样，采用与上述试验一致的检测手段对试验结果进行分析并确定合成钛酸钙的最佳钛源。

表 4.10   不同钛源的试验方案

项目	9 号	10 号	11 号
钛源名称	板钛矿	金红石	锐钛矿

4.4.5.1   合成温度对以氢氧化钙为钙源合成钛酸钙材料的影响

以锐钛矿作为钛源，按 $n[Ca(OH)_2] : n(TiO_2) = 1 : 1$ 配比，经过不同温度煅烧后，试样的体积密度和显气孔率与煅烧温度的关系，如图 4.19 所示。由图可见，随着煅烧温度的升高，试样体积密度曲线呈现先略微增长，再迅速增长，再减小的趋势，试样的显气孔率随温度变化的关系则与体积密度趋势正好相反。当煅烧温度为 1200~1250℃ 时，试样的体积密度较小，仅为 2.22~2.34 g/cm³，显气孔率则较大，为 6.1%~6.3%，这是由于煅烧温度较低，Ca（OH）$_2$ 没有完全分解成 CaO，且分解时产生的部分水蒸气没有及时排出，产生气孔，导致试样显气孔率较大，致密度较差。当煅烧温度为 1300℃ 时，试样的体积密度最大，达到 3.85g/cm³，显气孔率最小，仅为 0.9%，这是因为温度升高，加快了 Ca（OH）$_2$ 的分解速率，分解出足够的 CaO 与 TiO$_2$ 反应生成钛酸钙，钛酸钙的密度比 CaO 密度（3.35g/cm³）大，所以试样体积密度变大，另外，温度升高，气体排出速度也增快，造成的气孔少，因而试样显气孔率小，致密度好。

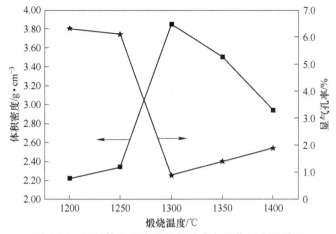

图 4.19 试样体积密度和显气孔率与煅烧温度的关系

　　试样线变化率与煅烧温度的关系如图 4.20 所示。由图可见，随着煅烧温度从 1200℃升高至 1250℃，试样线性收缩程度不明显。当温度从 1250℃升高至 1300℃时，试样线性收缩程度十分显著，最大线性收缩变化率达到 18.4%，当温度继续升高到 1400℃时，试样线性收缩程度减缓。这说明煅烧温度的升高，有利于试样烧结程度变好。煅烧温度为 1300℃，试样的体积密度最大，显气孔率最小，致密度最好，线性收缩程度最明显，烧结效果最好。

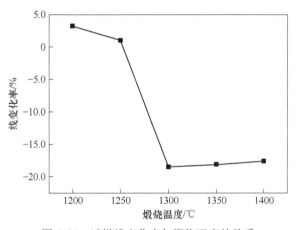

图 4.20 试样线变化率与煅烧温度的关系

　　试样常温耐压强度与煅烧温度的关系如图 4.21 所示，由图可知，试样的常温耐压强度随着煅烧温度的升高，呈现明显的先增大、后减小的趋势，当煅烧温度为 1200℃时，试样常温耐压强度最小，为 36MPa，当煅烧温度为 1300℃时，试样常温耐压强度最大，达到 51MPa。这说明在 1300℃下煅烧，反应生成的钛酸钙烧结程度最好。

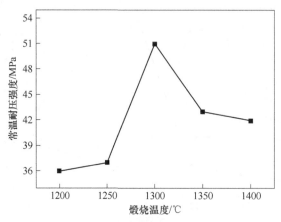

图 4.21　试样常温耐压强度与煅烧温度的关系

图 4.22 所示为不同温度烧后的 XRD 图谱。由图可知，经过 1200~1400℃ 烧后的所有试样的主晶相均为 $CaTiO_3$，温度升高，$CaTiO_3$ 的衍射峰的强度也增强，1200℃ 和 1250℃ 烧后试样的衍射图谱中还有 CaO 和 TiO_2，且 CaO 和 TiO_2 衍射峰的强度随温度的升高而减弱，1300℃ 和 1400℃ 烧后试样的衍射图谱中含有 TiO_2，1350℃ 烧后试样的衍射图谱中含有 CaO。通过 Highscore Plus 软件对每个 XRD 图谱拟合半定量分析得到表 4.11 所示的不同温度烧后试样的晶相含量，结合表 4.11 分析图谱现象产生的原因：当烧结温度较低时，烧结不完全，CaO 和 TiO_2 都有剩余，新生成的 $CaTiO_3$ 相含量相对较少；提高煅烧温度，试样在 1300℃ 下生成的 $CaTiO_3$ 含量（质量分数）相对最多，达到 97%，此时 $CaTiO_3$ 衍射峰强度

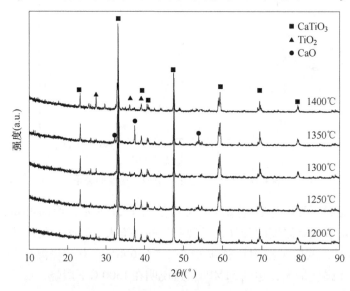

图 4.22　不同温度烧后试样的 XRD 图谱

也是最强的；试验条件下可能混料不均匀，使局部 $Ca(OH)_2$ 或 TiO_2 过量，导致试样在 1300℃ 和 1400℃ 烧后有 TiO_2 剩余，而 1350℃ 下烧后试样有 CaO 剩余，但是从试样烧后生成的 $CaTiO_3$ 含量和衍射峰强度来看，温度为 1350℃ 和 1400℃ 时，$CaTiO_3$ 生成量为 92% 和 90%，都比 1300℃ 时 $CaTiO_3$ 生成量少，$CaTiO_3$ 衍射峰强度也比 1300℃ 条件下的弱，所以，在试验温度范围内，TiO_2 适当偏多可能有利于 $CaTiO_3$ 生成，而 TiO_2 或 CaO 过多都不利于 $CaTiO_3$ 生成。

表 4.11　不同温度烧后试样的晶相含量（质量分数）　　　　　　（%）

温度/℃	1200	1250	1300	1350	1400
$CaTiO_3$	86	88	97	92	90
CaO	8	6	0	8	0
TiO_2	6	6	3	0	10

选取 1 号、3 号、5 号试样在扫描电子显微镜下观察其显微结构，如图 4.23 所示，经过 1200℃ 煅烧的 1 号试样放大 1600 倍的 SEM 照片中，试样表面气孔多，致密性不好，$CaTiO_3$ 晶体形貌不规则，发育不够完全。经过 1300℃ 煅烧的 3 号试样放大 1600 倍的 SEM 照片中，$CaTiO_3$ 晶体形貌明显，呈立方体紧密排布，气孔少，致密性好，$CaTiO_3$ 晶粒分布均匀，晶粒尺寸均匀，平均晶粒尺寸为 15μm，从 3 号试样 SEM 照片中还看出，呈深灰色的针状粗晶状的晶粒是剩余的 TiO_2 晶体。经过 1400℃ 煅烧的 5 号试样烧后显微结构图中可以看出，$CaTiO_3$ 晶体棱角清晰，但晶粒尺寸大小差别较大，晶粒平均尺寸为 35μm，气孔很少，结构致密。从 1 号、3 号、5 号试样的 SEM 照片可以看出，试样的微观结构形貌与以上测定的试样致密性、常温耐压强度及 XRD 分析结果一致。

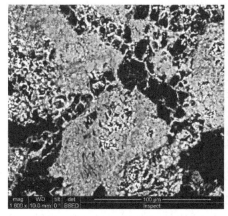

(a) 1号，1200℃　　　　　　　　　　(b) 3号，1300℃

(c) 5号，1400℃

图4.23　不同温度烧后试样的显微照片（1600×）

在1200~1250℃煅烧温度下合成的CaTiO₃晶体发育不够完全，显气孔率大，体积密度小，线性收缩程度小，常温耐压强度低，CaTiO₃合成率低；在1350~1400℃煅烧温度下合成的CaTiO₃晶体颗粒尺寸的大小差异较大，常温耐压强度相对较低，合成率相对较低；而1300℃下合成的CaTiO₃显气孔率最小，体积密度最大，烧结程度最好，晶粒分布均匀，晶粒大小均匀，常温耐压强度最高，合成率最高。

4.4.5.2　CaCO₃/TiO₂对以氢氧化钙为钙源合成富钛钛酸钙材料的影响

不同Ca(OH)₂/TiO₂摩尔配比的试验方案，烧后试样的体积密度和显气孔率如图4.24所示，由图可知，烧后试样的体积密度随Ca(OH)₂/TiO₂摩尔配比的增大而减小，当Ca(OH)₂/TiO₂摩尔配比为1.2~1.6时，试样体积密度由3.35g/cm³减小为3.24g/cm³，试样显气孔率的趋势则与体积密度的趋势正好相反，原料中Ca(OH)₂占的摩尔比例越多，烧后试样的显气孔率越大。分析这些现象的原因：一方面，氢氧化钙分解成氧化钙后，二氧化钛固溶到氧化钙晶格中，钛原子取代部分钙原子，产生钙原子空位，形成组织缺陷，空位的产生，能够提高扩散系数，使质点迁移扩散更加便利，促进了CaTiO₃的烧结，所以适当提高原料中TiO₂添加量的比例有利于CaTiO₃的合成；另一方面，当原料中Ca(OH)₂占的摩尔比例多时，Ca(OH)₂高温下形成氧化钙后，不能全部与等摩尔量的TiO₂反应，剩余的氧化钙在空气中容易水化粉化，导致试样气孔增加，致密性变差。通过以上分析可以确定，适当提高配料中TiO₂的比例，有利于CaTiO₃烧结，烧后的试样致密性好。

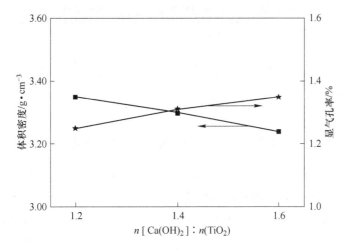

图 4.24 试样的体积密度和显气孔率与 $Ca(OH)_2/TiO_2$ 摩尔配比的关系

图 4.25 所示为不同 $Ca(OH)_2/TiO_2$ 摩尔配比试样烧后的 X 射线衍射图进行物相分析。

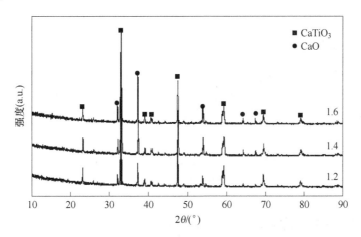

图 4.25 不同 $Ca(OH)_2/TiO_2$ 摩尔配比试样烧后的 XRD 图谱

通过对比标准 PDF 卡片分析试样的 XRD 图谱发现，当 $n[Ca(OH)_2]$：$n(TiO_2)$ 为 1.2～1.6 时，试样图谱中的最强衍射峰为 $CaTiO_3$ 相，说明这些原料配比下合成了 $CaTiO_3$ 化合物，但图谱中还存在一些衍射峰强度较强的 CaO 相，且 CaO 衍射峰的强度与原料中 $Ca(OH)_2$ 加入量成正比。这 3 组试样的 $CaTiO_3$ 相衍射峰强度与原料中 TiO_2 加入量成正比。通过 Highscore Plus 软件对每组 XRD 图谱拟合半定量分析得到试样的晶相含量见表 4.12，从表可见，随 $n[Ca(OH)_2]$：$n(TiO_2)$ 比例增大，试样中钛酸钙的相对含量逐渐降低。

表4.12　不同试样烧后的晶相含量（质量分数）　　　　　　（%）

$n[Ca(OH)_2]:n(TiO_2)$	1.2	1.4	1.6
CaTiO$_3$	80	76	71
CaO	20	24	29
TiO$_2$	0	0	0

4.4.5.3　钛源对以氢氧化钙为钙源合成钛酸钙材料的影响

三种不同钛源试样，在原料配比为 $n[Ca(OH)_2]:n(TiO_2)=1$，温度为 1300℃条件下，煅烧 2h，测得的显气孔率和体积密度结果如图4.26所示。由图可见，三种钛源试样烧后的显气孔率和体积密度有差异，三者相比较而言，以金红石作为钛源的试样，体积密度最大，显气孔率最小，其次是以板钛矿为钛源的试样，而以锐钛矿作为钛源的试样体积密度最低。

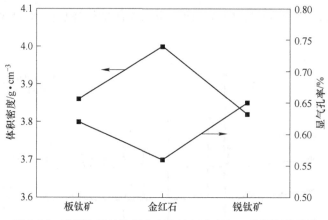

图4.26　试样烧后的体积密度和显气孔率与三种钛源的关系

4.5　添加剂对钛酸钙材料性能的影响

CaTiO$_3$陶瓷作为一种重要的多功能材料，在光学、电学以及结构陶瓷领域中有着潜在的应用前景。然而，制约 CaTiO$_3$陶瓷广泛应用的瓶颈问题在于陶瓷在烧结过程中晶粒的异常长大及不均匀的显微结构，使其应用性能显著降低。因此，优化制备工艺及选择合适的添加剂对于提高 CaTiO$_3$陶瓷微观结构和使用性能具有重要的科学意义。

固相反应烧结法作为目前制备 CaTiO$_3$陶瓷的最为经济和成熟的制备工艺，对原料、设备及烧结工艺要求苛刻。目前国内外普遍采用掺杂适量助烧剂等方法控制和优化固相反应烧结工艺过程，该方法易于操作且行之有效，已在诸多陶瓷材料的烧结过程中得到应用。韩冲等人以 $CaCO_3$、TiO_2 为原料，通过固相反应烧结法合成较纯的 $CaTiO_3$，但合成产物晶粒粗大、结构不均匀。罗旭东等人通过引入 La_2O_3、CeO_2 及 ZrO_2 等作为烧结添加剂，优化了钛酸铝陶瓷、堇青石陶瓷和莫来石陶瓷材料的微观结构，并提高它们的烧结性能。国内外一些学者也曾选用 Er^{3+}、Eu^{3+}、Yb^{3+} 或者金属卤化物等添加剂作为第二相引入到反应体系中，改善 $CaTiO_3$ 材料的微观结构，一般研究的重点为添加剂对 $CaTiO_3$ 陶瓷功能性的影响。对于稀土氧化物掺杂和 $CaTiO_3$ 陶瓷的烧结性能以及晶粒生长行为之间的关系，尤其是稀土氧化物添加量对体系内的缺陷化学反应类型的影响未做深入报道。

本节采用 CaO 和 TiO_2 为主要原料，通过引入 CeO_2、Y_2O_3、Er_2O_3、La_2O_3 作为添加剂，利用固相反应烧结工艺制备 $CaTiO_3$ 陶瓷，重点探究添加剂掺杂对 $CaTiO_3$ 陶瓷烧结性能及微观结构的影响，同时通过分析晶胞参数的变化趋势，探讨缺陷类型对 $CaTiO_3$ 陶瓷烧结行为的影响。

4.5.1 原料

实验用主要原料氧化钙（CaO，AR，分子量56.077）和氧化钛（TiO_2，AR，分子量 79.83）以及添加剂 CeO_2、Y_2O_3、Er_2O_3、La_2O_3 均购于上海国药集团化学试剂有限公司。有机溶剂无水乙醇（CH_3CH_2OH，AR，分子量为 46.07）购于沈阳新东试剂厂。

4.5.2 制备

通过化学反应式计算出合成钛酸钙所需的各类原料的质量。实验采用的基础配方（摩尔分数）为50% CaO、50% TiO_2，试样标号为 0 号。在 0 号配方基础上，分别外加质量分数为1%、2%、3%、4%的 CeO_2，试样标号分别为 C1~C4；在 0 号配方基础上，分别外加质量分数为1%、2%、3%、4%的 Y_2O_3，试样标号分别为 Y1~Y4；在 0 号配方基础上，分别外加质量分数为1%、2%、3%、4%的 Er_2O_3，试样标号分别为 E1~E4；在 0 号配方基础上，分别外加质量分数为1%、2%、3%、4%的 La_2O_3，试样标号分别为 L1~L4。

各配方粉料置于料罐中，在行星球磨机（QM-3SP4 型）内高速共磨 20h。研磨介质为 10mm 氧化铝球和无水乙醇。所得料浆置于烘箱中 60℃ 下干燥 10h，干燥完成后对粉料造粒并过 $180\mu m$（80 目）筛。添加质量分数为5%的聚乙烯醇溶液作为结合剂，半干法成型，成型压力为 5MPa，试样外形尺寸为 $\phi20mm \times$（2~3）mm。成型后试样在 110℃ 干燥 12h，然后分别在 1300℃、1400℃ 保温 3h 烧成，烧成后试样随炉自然冷却，测量其线收缩率。

4.5.3 表征

采用荷兰 X'pert-Powder 型 X 射线衍射仪（Cu 靶 $K_{\alpha1}$ 辐射，管压 40kV，管

流 40mA，步长 0.02°，扫描范围 10°~90°）测定烧后试样的矿物组成。采用 X'pert High score Plus 软件对 X 射线衍射图进行拟合分析，计算晶胞参数和晶胞体积。使用德国 Zeiss 场发射扫描电子显微镜观察烧后试样断口处晶粒的微观形貌。

4.5.4 CeO₂ 对 CaTiO₃ 陶瓷烧结性能以及微观结构的影响

国内外一些学者曾选用 Er^{3+}、Eu^{3+}、Yb^{3+} 或者金属卤化物等添加剂作为第二相引入 CaO-TiO₂ 反应体系中，改善 CaTiO₃ 材料的微观结构，一般研究的重点为添加剂对 CaTiO₃ 陶瓷功能性的影响。对于稀土氧化物掺杂和 CaTiO₃ 陶瓷的烧结性能以及晶粒生长行为之间的关系，尤其是稀土氧化物添加量对体系内的缺陷化学反应类型的影响未做深入报道。本节采用 CaO 和 TiO₂ 为主要原料，通过引入 CeO₂ 作为添加剂，利用固相反应烧结工艺制备 CaTiO₃ 陶瓷，重点探究 CeO₂ 掺杂对 CaTiO₃ 陶瓷烧结性能及微观结构的影响，同时通过分析晶胞参数的变化趋势，探讨缺陷类型对 CaTiO₃ 陶瓷烧结行为的影响。

4.5.4.1 CeO₂ 掺杂对 CaTiO₃ 物相组成及结构的影响

图 4.27 所示为 1300℃ 和 1400℃ 烧后 0 号、C1~C4 试样的 XRD 图谱以及烧后试样 31°~35° 的微区图谱。从图 4.27(a) 中 XRD 图谱定性分析结果发现，经 1300℃ 烧后 0 号试样中主晶相为正交晶形的 CaTiO₃（PDF 卡片：01-082-0228 及 00-022-0153），掺杂不同含量 CeO₂ 的 C1~C4 试样中主晶相类型未发生变化。对图 4.27 中衍射峰进行定量分析，未发现结晶相组成中有与 CeO₂ 相关的化合物结晶相，说明 CeO₂ 与 CaTiO₃ 形成固溶相的可能性较大。从图 4.27(b) 中可以看出 CaTiO₃ 衍射峰位置和峰强度与图 4.27(a) 类似，衍射峰更为尖锐，晶体特征更为显著。从图 4.27(c) 中看出 CeO₂ 掺杂使得 CaTiO₃ 特征峰的位置发生偏

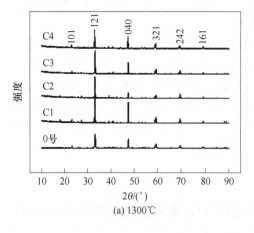

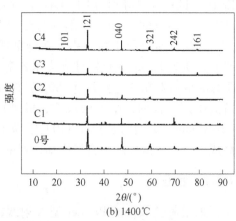

(a) 1300℃　　　　　　　　　　　　　(b) 1400℃

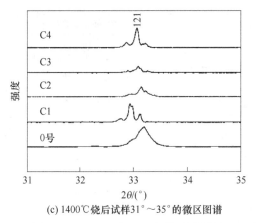

(c) 1400℃烧后试样31°~35°的微区图谱

图 4.27 1300℃和1400℃烧后试样的 XRD 图谱

移。这一现象表明，Ce^{4+} 与 $CaTiO_3$ 形成的固溶体改变了 $CaTiO_3$ 晶体的晶胞参数和晶胞体积。为了说明 Ce^{4+} 对固相反应烧结 $CaTiO_3$ 陶瓷材料制备过程的作用机理，试验对制备的 $CaTiO_3$ 陶瓷烧后试样的 XRD 图谱进行拟合，计算固溶体相的晶胞参数和晶胞体积。

经固相反应烧结法合成的 $CaTiO_3$ 属于正交晶系，Pnma 空间群。利用 X'pert High score Plus 软件结合不同晶面对应的晶面间距，计算合成产物 $CaTiO_3$ 的晶胞参数和晶胞体积。

$$\frac{1}{d_{hkl}^2} = \left(\frac{h}{a}\right)^2 + \left(\frac{k}{b}\right)^2 + \left(\frac{l}{c}\right)^2$$

图 4.28 所示为反应烧结法制备 $CaTiO_3$ 晶体的晶胞参数与 CeO_2 掺杂量的关系。合成产物 $CaTiO_3$ 晶胞参数和晶胞体积随着 CeO_2 加入量的增大呈现先增大后减小的趋势。当 CeO_2 加入量（质量分数）由 0% 增加到 1% 时，1300℃烧后试样中固溶相的晶胞参数 a、b、c 均增大，晶胞体积从 $0.22304nm^3$ 增大到 $0.22454nm^3$。但是当 CeO_2 加入量持续增大时，固溶相的晶胞参数逐渐减小且 b 的变化趋势更为明显，4 号试样的晶胞体积减小为 $0.22308nm^3$。1400℃烧后试样中固溶相的晶胞体积变化趋势与此类似，1 号试样的晶胞体积最大为 $0.22630nm^3$，CeO_2 掺杂量进一步增大时，晶胞体积减小，最小值为 $0.22297nm^3$。晶胞参数的变化与 XRD 特征峰的偏移紧密相关，其向左偏移意味着主晶相的晶胞参数变大；如果右移，则相反。所以，如图 4.27(c) 所示的 $CaTiO_3$ 特征峰的偏移现象验证了上述晶胞体积变化趋势的可靠性。

分析认为，钛酸钙晶胞中被掺杂离子取代位置的变化是造成上述趋势的主要原因。对于 ABO_3 模型的钙钛矿结构，无论是 A 位取代还是 B 位取代，都依赖于掺杂离子与被取代离子的性质的相似。对于 A 位，要求离子半径较大，而且离子

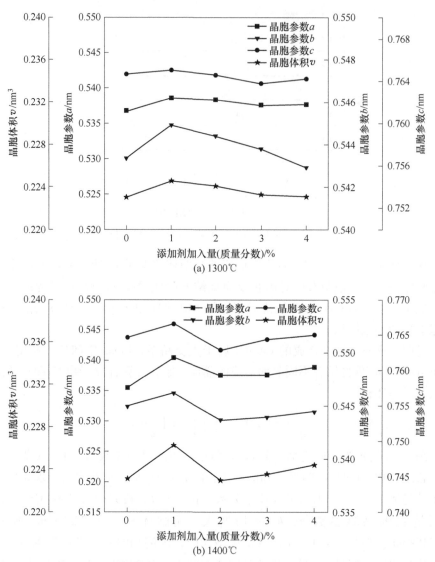

(a) 1300℃

(b) 1400℃

图4.28　经1300℃和1400℃烧后各试样中CaTiO₃晶胞参数

电荷小于3。对于B位，小体积高电荷的离子更有利于取代的发生。路大勇曾报道 CeO_2 掺杂钙钛矿时，Ce^{4+} 和 Ce^{3+} 共存于反应体系中。在 CaO-TiO₂-CeO₂ 体系内，其中 Ca^{2+}、Ti^{4+}、Ce^{4+} 及 Ce^{3+} 的半径分别为 0.134nm（配位数为 12 时）、0.068nm、0.087nm 和 0.134nm。其中 Ce^{3+} 的半径接近于 Ca^{2+} 的半径，满足形成置换固溶体的条件。同时 Ce^{4+} 的半径与 Ti^{4+} 的半径相差未超过30%，满足发生有限固溶的条件。所以掺杂引入的 Ce^{3+} 进入钛酸钙晶格内部将取代 Ca^{2+} 的正常位置，而 Ce^{4+} 与 Ti^{4+} 之间也可发生置换并且形成有限固溶的置换固溶体。

$$Ce^{3+} \xrightarrow{CaO \cdot TiO_2} Ce_{Ca}^{\cdot} + 1/2 V_{Ca}^n + 3O_O$$

$$Ce^{4+} \xrightarrow{CaO \cdot TiO_2} Ce_{Ti} + 2O_O$$

从 CeO_2 加入对 $CaTiO_3$ 置换固溶作用的角度分析，Ce^{3+} 的半径与 Ca^{2+} 半径相差很小，Ce^{3+} 占据 Ca^{2+} 位置不会使 $CaTiO_3$ 晶胞产生畸变。但由于置换过程中需保持电价平衡，形成的带负电的 V_{Ca}''' 缺陷将会导致晶胞常数和晶胞体积的减小。而半径较大的 Ce^{4+} 置换半径较小的 Ti^{4+}，将造成晶胞常数及晶胞体积的增大。结合晶胞常数和晶胞体积的变化趋势进行讨论，可以得出如下结论，当 CeO_2 加入量（质量分数）小于 1%，$CaTiO_3$ 结构中 Ti^{4+} 被 Ce^{4+} 所取代，导致晶胞体积增大。但是当 CeO_2 加入量（质量分数）从 1% 增加到 2% 时，持续的固溶反应造成了 $CaTiO_3$ 结构中 Ca^{2+} 被 Ce^{3+} 所取代，V_{Ca}''' 缺陷的生成是造成晶胞体积减小的主要原因。值得注意的是，当 CeO_2 加入量（质量分数）同为 1% 时，相比 1300℃烧后试样，1400℃烧后试样的晶胞体积变化更为明显，这可能是由于较高温度更有利于有限固溶反应的发生。

掺杂离子进入了 $CaTiO_3$ 的晶胞内部，致使晶胞参数和晶胞体积发生变化。为了进一步研究 CeO_2 的掺杂和结构缺陷对于试样烧结性能的影响，试验对烧后试样径向收缩进行了测量，并且利用 SEM 对比分析烧后试样断面的显微结构。

4.5.4.2 CeO_2 对 $CaTiO_3$ 烧结性能的影响

图 4.29 所示为 CeO_2 掺杂对 1300℃和 1400℃烧后试样线收缩率的影响。陶瓷生坯的烧结收缩率在一定程度上可衡量试样的烧结性能。从图中可以看出，随着 CeO_2 加入量持续增大，试样烧后线变化率呈上升趋势。说明，CeO_2 的加入使得 $CaTiO_3$ 结构中形成了 V_{Ca}''' 缺陷，缺陷造成的晶格畸变加速了体系内的离子扩散，为钛酸钙的合成和试样的烧结创造了条件。其次，升高煅烧温度增大了试样的线收缩率。另外，煅烧温度的升高，增大了体系内热缺陷的浓度。晶格活化作用增强，加速了固相反应中合成 $CaTiO_3$ 的速率。由烧结温度 T 和烧结活化能 Q 关系式 $k = A\exp(-\Delta G^{\ominus}/RT)$ 可知：式中反应体系的反应速率 k、材料常数 A、气体常量 R，升高烧结温度 T，将增大体系的反应速度 k 值，加速固相反应与烧结收缩过程。

4.5.4.3 CeO_2 掺杂对 $CaTiO_3$ 显微结构的影响

图 4.30 与图 4.31 分别为 1300℃和 1400℃烧后试样的断面 SEM 显微结构图片。从图可以看出，$CaTiO_3$ 陶瓷的致密化程度逐渐增加，孔隙率逐渐减小。说明 CeO_2 的加入可提高 $CaTiO_3$ 陶瓷的烧结性能。由图 4.30(b)、图 4.31(b) 所示的晶粒特征形貌可以看出，随着煅烧温度的提高，$CaTiO_3$ 晶粒尺寸增大，其生长方

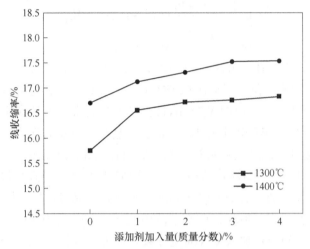

图 4.29   CeO₂ 对 1300℃和 1400℃烧后试样线收缩率的影响

式为台阶式生长［见图 4.31(b)］，台阶高度约为 100nm。从这种现象可以了解到，CeO₂ 的加入在一定程度上促进了 CaTiO₃ 晶粒的生长，且由于晶粒的不规则形状，结构中晶界分离现象严重。从图 4.30(d) 看出，随着 CeO₂ 添加量的进一步增大，CaTiO₃ 晶粒的形貌愈发规则，晶粒平均尺寸从 8μm 减小为 2.6μm，整体结构呈现细晶微观形貌，试样更为致密。从图 4.31 可以看出，当煅烧温度为 1400℃时，3 号试样显微结构中晶粒的长大导致了明显的结构间隙，但 4 号试样内部晶粒形貌发育较为完全，晶粒尺寸更为均匀。值得注意的是，1400℃烧后的 4 号试样晶界结合较为紧密，断面处未发现明显的晶界分离现象。图 4.31(d) 中的插图为 1400℃烧后 4 号试样中 a 点的 EDS 能谱。a 点处可探测出 Ca、Ti、O、Ce 等元素的峰，Ce 元素存在于 CaTiO₃ 的晶粒之中。结合晶胞常数以及 XRD 结果分析，Ce^{4+} 的置换作用为固溶提供了基础，晶格内部缺陷的生成，利于固相传质的发生，提高了固相反应中 CaTiO₃ 陶瓷的烧结性能。

(a) 0号

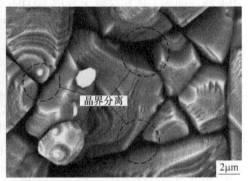

(b) C1

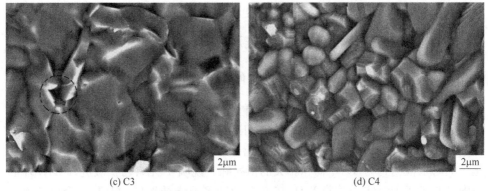

(c) C3　　　　　　　　　　　(d) C4

图 4.30　1300℃烧后试样的显微结构

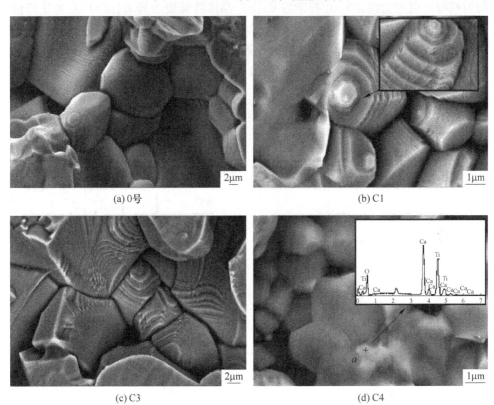

(a) 0号　　　　　　　　　　(b) C1

(c) C3　　　　　　　　　　　(d) C4

图 4.31　1400℃烧后试样的显微结构

　　通过分析发现随着 CeO_2 加入量的增加以及煅烧温度的升高，试样烧结性能得到提高。另外，随着 CeO_2 加入量的增大，$CaTiO_3$ 晶胞参数以及晶胞体积呈现先增大后减小的趋势，其加入量（质量分数）为 1% 时，主晶相 $CaTiO_3$ 的晶胞体积和晶胞参数最大。$CaTiO_3$ 晶体结构中取代位置发生改变是造成此变化趋势的主要原因。CeO_2 可促进 $CaTiO_3$ 晶粒的生长，但当 CeO_2 加入量（质量分数）为 4%

时，晶粒的生长得到抑制，且晶粒形状更为规则，整体结构更为致密。

4.5.5 Y₂O₃加入量对CaTiO₃烧结性能及微观结构的影响

4.5.5.1 Y₂O₃对试样物相组成及结构的影响

图4.32为1300℃和1400℃烧结试样的XRD图谱。对图4.32定性分析可以发现：0号、Y1~Y4试样的主晶相均为正交晶型的CaTiO₃（PDF卡片：01-082-0228及00-022-0153），表明掺杂不同含量Y₂O₃未使试样中主晶相类型发生变化，同时未检测到与Y₂O₃物相相关的衍射峰，说明Y元素已扩散进入CaTiO₃晶格内部并形成固溶体；随着Y₂O₃掺杂量的增多及烧结温度的升高，合成产物的衍射峰峰形更为尖锐，Y₂O₃掺杂后CaTiO₃晶体特征更为显著，CaTiO₃特征峰位置发生了偏移，这一现象说明，固溶反应中掺杂离子Y^{3+}与Ca^{2+}、Ti^{4+}半径和烧结温度的差异及固溶过程中形成的结构缺陷使得CaTiO₃的晶胞参数与晶胞体积发生变化。为进一步分析Y^{3+}对CaTiO₃结构的影响，对所制备的CaTiO₃陶瓷的

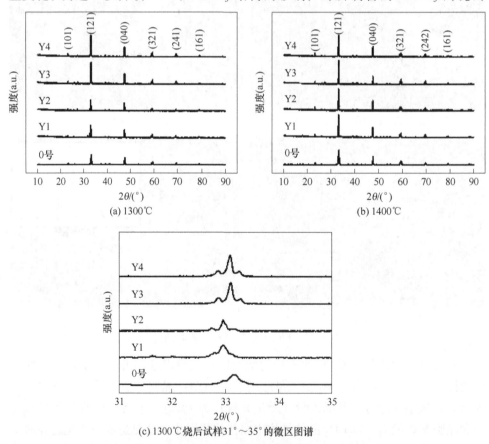

(a) 1300℃   (b) 1400℃

(c) 1300℃烧后试样31°~35°的微区图谱

图4.32   1300℃和1400℃烧结试样的XRD图谱

XRD谱进行拟合，选用（121）、（200）及（002）特征峰晶面计算固溶相的晶胞参数和晶胞体积。

合成的$CaTiO_3$属于正交晶系，Pnma空间群。晶面间距d，晶面指数（hkl）及晶胞参数a、b、c符合所示的关系式。利用X'pert High score Plus软件结合不同晶面对应的晶面间距，计算合成产物$CaTiO_3$的晶胞参数和晶胞体积。

从图4.33中可以看出，合成产物$CaTiO_3$的晶胞参数和晶胞体积随Y_2O_3加入量的增大呈现先增大后减小的趋势。烧结温度为1300℃时，当Y_2O_3加入量（质量分数）由0%增加至2%时，试样中主晶相的晶胞体积从$0.22304nm^3$增大至$0.22639nm^3$。对于加入3%和4%Y_2O_3的3号、4号试样，固溶体的晶胞体积出现减小趋势，4号试样中固溶体的晶胞体积为$0.22387nm^3$。1400℃烧结试样中固溶体的晶胞体积变化趋势与此类似，0号、1号试样晶胞体积呈现增大趋势，最大值为$0.22403nm^3$，随着Y_2O_3加入量的增多，2~4号试样晶胞体积逐渐减小，最小值为$0.22327nm^3$。比较图4.32（c）所示的$CaTiO_3$衍射峰位置可发现，Y_2O_3的掺杂致使衍射峰偏移，其向小角度方向偏移意味着主晶相的晶胞体积变大；向大角度偏移，则相反。所以，这一偏移现象验证了上述晶胞体积变化趋势的可靠性。

对比分析不同试样中$CaTiO_3$晶胞参数和晶胞体积的变化关系，认为Y^{3+}在$CaTiO_3$晶胞中取代位置的变化及体系内产生的结构缺陷类型不同是造成上述变化趋势的主要原因。对于具有ABO_3型的钙钛矿物质，晶胞结构中即可发生A位取代，又可发生B位取代，主要取决于掺杂离子与被取代离子的半径及性质。在$CaO-TiO_2-Y_2O_3$体系中，Ca^{2+}、Ti^{4+}、Y^{3+}的半径分别为0.134nm（CN=12时）、0.068nm、0.093nm。晶体化学理论用容差因子来评价掺杂离子与钙钛矿结构形成的固溶体的稳定性。

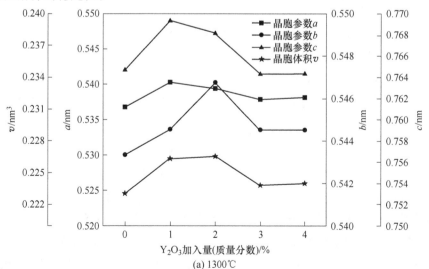

(a) 1300℃

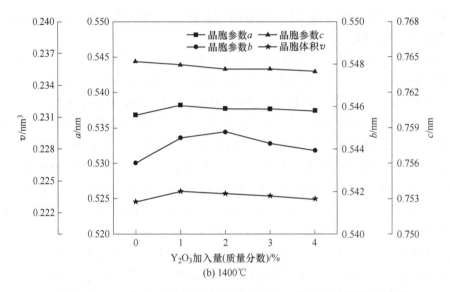

图 4.33   Y₂O₃ 加入量对不同温度烧结 CaTiO₃ 试样晶胞参数的影响

$$t = \frac{r_A + r_O}{2^{\frac{1}{2}}(r_B + r_O)}$$

式中 r_A, r_B, r_O——分别为 ABO₃ 化合物中 A 离子、B 离子以及氧离子的半径。

Buscaglia 根据此理论认为，当 $0.087nm \leqslant r(R^{3+}) \leqslant 0.094nm$ 时，掺杂离子 R^{3+} 既可发生 A 位取代又可发生 B 位取代。$r(Y^{3+}) = 0.093nm$，因此 Y^{3+} 可按一定比例取代 Ca^{2+} 和 Ti^{4+}，进而形成固溶体。当 Y^{3+} 取代 Ti^{4+} 时，为保持电价平衡，在此过程中体系内发生的缺陷反应如下：

$$Y_2O_3 \xrightarrow{\ CaO \cdot TiO_2\ } 2Y'_{Ti} + 3O_O + V_O^{\cdot\cdot}$$

半径较大的 Y^{3+} 置换 Ti^{4+} 将会造成晶胞体积的增大，但是置换过程中为保持电价平衡形成的带正电的 $V_O^{\cdot\cdot}$ 将会导致晶胞体积的减小。齐建全将这两种因素综合起来，确定 Y^{3+} 取代 Ti^{4+} 会导致钛酸钙固溶体的晶胞体积增大。而当 Y^{3+} 取代 Ca^{2+} 时，体系内发生的取代反应如下：

$$Y_2O_3 \xrightarrow{\ CaO \cdot TiO_2\ } 2Y^{\cdot}_{Ca} + 3O_O + Y''_{Ca}$$

半径较小的 Y^{3+} 置换 Ca^{2+} 将会导致 CaTiO₃ 晶胞体积减小，而 V''_{Ca} 缺陷将使晶格进一步收缩。所以若 Y^{3+} 取代 Ca^{2+}，CaTiO₃ 的晶胞体积将会减小。结合晶胞常数和晶胞体积的变化趋势进行讨论，可以得出如下结论，Y₂O₃ 为萤石结构，Y 的配位数为 7，因此 Y₂O₃ 加入量较小时，Y^{3+} 将优先取代配位数为 6 的 Ti^{4+}。所以 1300℃时，当 Y₂O₃ 加入量（质量分数）小于 2%，CaTiO₃ 结构中的 Ti^{4+} 被 Y^{3+}

所取代，导致晶胞体积增大，体系内的主要缺陷类型为氧缺位 $V_O^{\cdot\cdot}$。当 Y_2O_3 加入量（质量分数）大于 2%，持续的固溶反应造成了 $CaTiO_3$ 结构中 Ca^{2+} 被 Y^{3+} 所取代，体系内产生阳离子空位 V_{Ca}''，主晶相晶胞体积减小。相比 1300℃ 烧结试样，1400℃ 烧结试样中 Y^{3+} 的取代位置在掺杂量为 2% 时发生转变，这可能是由于较高烧结温度更有利于 Y^{3+} 向 12 配位的 Ca 位转移。值得注意的是，当烧结温度从 1300℃ 升高至 1400℃ 时，掺杂等量 Y_2O_3 的试样内 $CaTiO_3$ 晶胞体积减小。因为烧结温度越高，离子扩散速度加快，有利于离子有序紧密排列从而使晶胞体积减小。同时，随着烧结温度的升高，$CaTiO_3$ 结构中存在的晶格氧会被释放，形成的 $V_O^{\cdot\cdot}$ 也会使晶胞发生收缩。

4.5.5.2　Y_2O_3 掺杂对 $CaTiO_3$ 烧结性能的影响

Y_2O_3 的加入对 $CaTiO_3$ 陶瓷烧结收缩率的影响如图 4.34 所示。从图中可以看出，随 Y_2O_3 掺杂量的增多，试样烧结收缩率呈增大趋势。高温固相烧结时，试样内部的缺陷运动机制，对其烧结的影响很大。如前所述，Y_2O_3 与 $CaTiO_3$ 之间的固溶，将会在结构中引入 V_{Ca}'' 及 $V_O^{\cdot\cdot}$，缺陷造成的晶格畸变有利于固相传质的发生，促进 $CaTiO_3$ 陶瓷的合成与烧结。其次，升高烧结温度，各组试样烧后线变化率随即增大。分析认为烧结温度与缺陷浓度之间紧密相关，烧结温度的升高，增大了体系内热缺陷的浓度，如 Schottky 缺陷反应：$null \rightarrow 3V_O^{\cdot\cdot} + V_{Ca}'' + V_{Ti}''''$。晶格扭曲之后，活化作用增强，加速了 $CaTiO_3$ 的合成速率。同时，固相合成体系的反应速率因烧结温度的升高而增大，体系中更多气孔伴随晶界的融合被排除，加大了试样收缩。

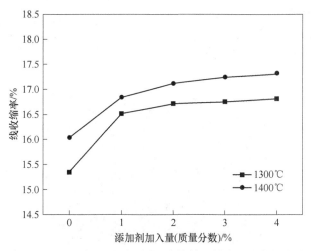

图 4.34　Y_2O_3 加入量对不同温度烧结试样线收缩率的影响

4.5.5.3 Y₂O₃掺杂对CaTiO₃显微结构的影响

从图4.35可以看出，Y₂O₃的加入使试样的晶粒大小及形状发生了显著改变。未加入Y₂O₃的0号试样致密程度较低，内部残存大量气孔。加入之后试样的致密化程度提高。说明Y₂O₃的加入可提高CaTiO₃陶瓷的烧结性能。由晶粒特征形貌可以看出，加入Y₂O₃后，CaTiO₃晶粒的生长方式为台阶式生长，表面台阶高度约为100nm，加入2%Y₂O₃的晶粒尺寸较未加入Y₂O₃的晶粒尺寸明显长大，CaTiO₃晶粒从1.3μm［见图4.35(a)］生长至9.4μm［见图4.35(b)］，这是由于Y³⁺的引入在结构中引入氧缺位，促进了离子间传质与扩散。但是由于晶粒异常生长及不规则的晶粒形状，Y2试样晶粒间出现明显间隙，试样不致密。随着Y₂O₃加入量的进一步增大（4%），Y4试样中CaTiO₃晶粒表面台阶形貌消失，晶粒紧密相连，尺寸得到细化，CaTiO₃晶粒尺寸减小为2.2μm。当Y₂O₃掺杂浓度较高时，Y³⁺取代Ca²⁺，体系内的缺陷类型由$V_O^{\cdot\cdot}$转变为$V_{Ca}^{\prime\prime}$，$V_O^{\cdot\cdot}$浓度降低抑制了晶粒生长。从图4.36可以看出，随着烧结温度的提高，晶粒进一步长大（Y2试样中CaTiO₃晶粒尺寸为18.4μm）致使试样致密化程度不高，但加入4%Y₂O₃的Y4试样晶界结合较为紧密，断面处未发现明显的晶粒分离现象。通过1400℃烧结试样中 a 点的EDS分析结果可以看出， a 点处可检测出Ca、Ti、O、Y

(a) 0号   (b) Y2

(c) Y4

图4.35 1300℃烧结不同Y₂O₃加入量试样的显微结构

等元素，Y 元素存在于晶粒之中，说明 Y 元素已固溶进入了 $CaTiO_3$ 晶格。结合前述晶胞参数的分析发现，Y^{3+} 对 Ca 及 Ti 的置换作用为固溶反应提供了基础，晶格内部 V''_{Ca} 及 $V_O^{\cdot\cdot}$ 缺陷的生成，有利于固相反应，提高了 $CaTiO_3$ 陶瓷的烧结性能。

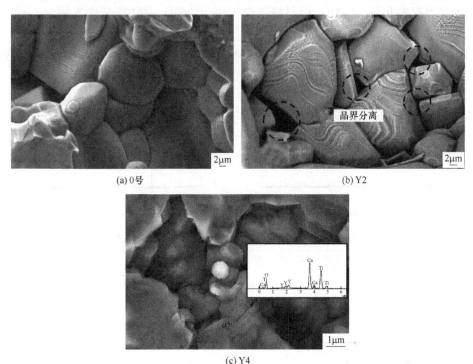

图 4.36　1400℃烧结不同 Y_2O_3 加入量试样的显微结构

通过本节研究发现随着 Y_2O_3 的掺杂以及煅烧温度的升高，固相反应烧结 $CaTiO_3$ 陶瓷的烧结性能得到改善。引入少量 Y_2O_3 所形成的结构缺陷可促进 $CaTiO_3$ 晶粒的生长，但当 Y_2O_3 加入量（质量分数）为 4%时，晶粒的生长受到抑制，晶粒形状从台阶状转变为规则形状，整体结构更为致密。$CaTiO_3$ 晶胞参数以及晶胞体积随 Y_2O_3 掺杂量的增大呈现先增大后减小的趋势。当 Y_2O_3 掺杂浓度较低时，Y^{3+} 取代 Ti^{4+} 位置，造成 $CaTiO_3$ 晶胞体积增大；当 Y_2O_3 掺杂浓度较高时，Ca^{2+} 被 Y^{3+} 所取代，造成晶胞体积减小。

4.5.6　Er_2O_3 掺杂及煅烧温度对固相反应制备 $CaTiO_3$ 材料的影响

4.5.6.1　Er_2O_3 对 $CaTiO_3$ 试样物相组成及结构的影响

图 4.37 所示为 1300℃和 1400℃烧后试样的 XRD 图谱及 1400℃烧后试样 31°~35°的微区图谱。可以看出：试样的主晶相均为正交晶型的 $CaTiO_3$，Er_2O_3

掺杂量对主晶相晶型的影响较小,同时不同试样烧后的 XRD 图谱中并未检测到与 Er$_2$O$_3$ 相关的衍射峰,这表明 Er^{3+} 已经进入到 CaTiO$_3$ 晶格内并形成固溶体。对比图中不同试样 CaTiO$_3$ 相衍射峰强度变化可以看出,随着 Er$_2$O$_3$ 掺杂量的增大及煅烧温度的升高,CaTiO$_3$ 衍射峰逐渐尖锐,CaTiO$_3$ 晶体特征愈发明显。比较图 4.37(c) 中 CaTiO$_3$ 的特征峰位置还可发现,随着 Er$_2$O$_3$ 掺杂量的增大,其衍射峰位置发生了明显偏移。这说明体系内 CaTiO$_3$ 与 Er$_2$O$_3$ 之间的固溶反应致使主晶相的晶胞体积发生变化。

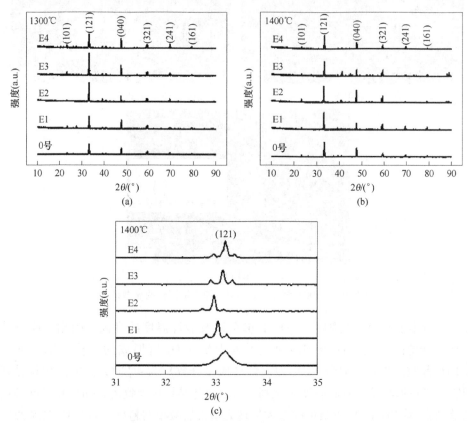

图 4.37　试样经不同温度烧结后的 XRD 图谱

　　为进一步分析 Er^{3+} 对固相反应合成产物 CaTiO$_3$ 结构的影响,试验对所制备的 CaTiO$_3$ 材料的 XRD 图谱进行拟合,选用 (121)、(200) 及 (002) 特征晶面计算固溶体相的晶胞参数和晶胞体积。图 4.38 示出了随着 Er$_2$O$_3$ 掺杂量的增大,合成产物 CaTiO$_3$ 晶胞参数与晶胞体积的变化趋势图。从图中可以看出,Er$_2$O$_3$ 掺杂量的增大致使 CaTiO$_3$ 的晶胞参数与晶胞体积呈现先增大后减小的趋势。当烧结温度为 1300℃时,Er$_2$O$_3$ 掺杂量(质量分数)增大至 2%,试样主晶相 CaTiO$_3$ 的晶胞参数 a 从 0.5368nm 增大至 0.53826nm,晶胞体积从 0.22304nm^3 增大至

$0.22427nm^3$。但对于 Er_2O_3 掺杂量（质量分数）为 3% 和 4% 的 E3、E4 试样，$CaTiO_3$ 的晶胞参数 a 和晶胞体积呈减小趋势，E4 试样中 $CaTiO_3$ 晶胞体积减小至 $0.22367nm^3$。1400℃烧后试样中的 $CaTiO_3$ 晶胞参数与晶胞体积的变化趋势与此类似，0~2 号试样晶胞参数 a 与晶胞体积增大，最大值分别为 $0.54010nm$ 和 $0.22646nm^3$。但是随着 Er_2O_3 掺杂量的增大，E3、E4 试样的晶胞参数 a 和晶胞体积减小，最小值分别为 $0.53644nm$ 和 $0.22204nm^3$。Er_2O_3 掺杂后，$CaTiO_3$ 晶胞体积的变化可反映于衍射峰位置的偏移，晶胞体积增大将造成衍射峰向小角度方向偏移；若晶胞体积减小，则相反。所以，图 4.37(c) 中 $CaTiO_3$ 特征峰的偏移现象验证了前述晶胞体积变化趋势。

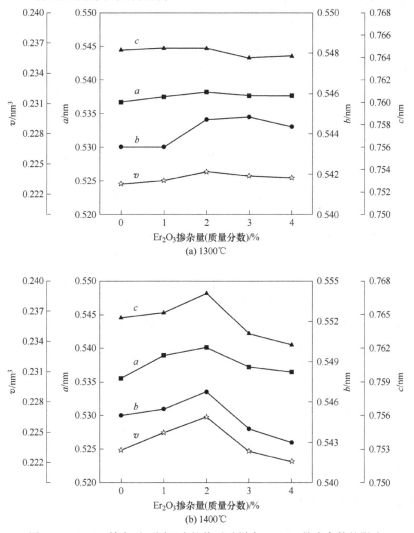

图 4.38 Er_2O_3 掺杂对不同温度煅烧后试样中 $CaTiO_3$ 晶胞参数的影响

分析认为，CaTiO$_3$ 晶胞中被 Er^{3+} 取代位置的变化及体系内产生的结构缺陷类型的不同是造成 CaTiO$_3$ 的晶胞参数呈上述变化趋势的主要原因。CaTiO$_3$ 作为 ABO$_3$ 型化合物，掺杂离子既可在其晶胞结构中发生 A 位取代，又可发生 B 位取代，掺杂离子与被取代离子性质决定取代位置。较大半径的离子主要发生 A 位取代，而较小半径的离子既可发生 A 位取代又可发生 B 位取代，其中，晶体化学理论用容差因子来评价掺杂离子与钙钛矿结构形成的固溶体的稳定性。

当 $0.087\text{nm} \leqslant r(\text{R}^{3+}) \leqslant 0.094\text{nm}$ 时，掺杂离子 R^{3+} 为中性离子。而 $r(\text{Er}^{3+}) = 0.089\text{nm}$，因此 Er^{3+} 可按一定比例取代 Ca^{2+} 和 Ti^{4+}，进而形成固溶体。Hiroshi Kishi 通过在 BaTiO$_3$ 掺杂 Er$_2$O$_3$ 验证了上述结论。当 Er^{3+} 取代 Ti^{4+} 时，CaO-TiO$_2$-Er$_2$O$_3$ 体系内的补偿机制遵循下式所示。

$$\text{E}_2\text{O}_3 + 2\text{Ti}_{\text{Ti}} + \text{O}_\text{O} \longrightarrow 2\text{Er}'_{\text{Ti}} + \text{V}_\text{O}^{\cdot\cdot} + 2\text{TiO}_2$$

在固溶过程中，具有较大半径的 Er^{3+}（0.089nm）取代半径较小的 Ti^{4+}（0.068nm）时，CaTiO$_3$ 晶格将会发生膨胀，进而增大晶胞体积及晶胞参数。而当 Er^{3+} 取代半径较大的 Ca^{2+}（0.134nm，配位数为 12）时，发生的取代反应如下式所示：

$$2\text{Er}_2\text{O}_3 + 4\text{Ca}_{\text{Ca}} + \text{Ti}_{\text{Ti}} \longrightarrow 4\text{Er}_{\text{Ca}}^{\cdot} + \text{V}_{\text{Ti}}^{''''} + 3\text{CaO} + \text{CaTiO}_3$$

由于 Er^{3+} 半径小于 Ca^{2+} 半径，且结构中形成了 V$_{\text{Ti}}^{''''}$（Ti^{4+} 空位）缺陷，固溶反应将造成晶胞参数降低，晶格发生明显收缩。结合前述晶胞参数与晶胞体积的变化趋势可分析出不同掺杂量以及不同烧结条件下 Er^{3+} 的取代位置以及结构中的缺陷类型。当掺杂较少的 Er$_2$O$_3$ 时，Ti^{4+} 将优先被 Er^{3+} 取代，所以，当 Er$_2$O$_3$ 掺杂量（质量分数）小于 2% 时，CaTiO$_3$ 晶胞中的 Ti^{4+} 被 Er^{3+} 所取代，晶胞参数 a 以及晶胞体积增大，此时结构中的主要缺陷类型为 V$_\text{O}^{\cdot\cdot}$（氧缺位）。当 Er$_2$O$_3$ 掺杂量较高时，CaTiO$_3$ 晶胞参数 a 以及晶胞体积减小，这是由于持续的固溶反应造成了 Er^{3+} 向 Ca^{2+} 转移，致使体系内的取代反应类型发生转变，形成了新的缺陷形式。值得注意的是，相比 1300℃ 烧后试样，1400℃ 烧后试样中 CaTiO$_3$ 晶胞参数以及晶胞体积的变化趋势较为明显，这可能是由于较高烧结温度更有利于固溶反应的发生。另外，当 Er$_2$O$_3$ 掺杂量（质量分数）从 1% 增加至 2% 时，1400℃ 烧后试样中 CaTiO$_3$ 晶胞参数 c 值与 a 值的比值（c/a）从 1.41988 增大至 1.41994，说明 c 值的增大趋势比 a 值的增大趋势明显。这是由于固溶过程中，CaTiO$_3$ 晶格中 Ti^{4+} 在 Ti-O 八面体中的位移空间更大，所以 c 轴方向上晶格畸变更大。综合上述分析，Er$_2$O$_3$ 的掺杂量直接影响 Er^{3+} 在 CaTiO$_3$ 晶格中的取代位置，形成的结构缺陷类型不同致使晶胞参数和晶胞体积的变化趋势发生转变。

4.5.6.2　Er$_2$O$_3$ 掺杂对 CaTiO$_3$ 烧结性能的影响

图 4.39 示出了掺杂不同量 Er$_2$O$_3$ 的试样在不同煅烧温度下的收缩率。从图

中可以看出，Er_2O_3 的掺杂促进了 $CaTiO_3$ 材料的烧结收缩，试样烧后收缩率随 Er_2O_3 掺杂量的增加而增大。固相烧结 $CaTiO_3$ 材料时，其结构中的缺陷扩散对其烧结性能影响很大。分析认为，在固相反应体系中掺杂 Er_2O_3 时，Er_2O_3 与 $CaTiO_3$ 的固溶作用将会在结构中形成 $V_O^{\cdot\cdot}$（氧缺位）和 $V_{Ti}^{''''}$（Ti^{4+} 空位），结构缺陷造成的晶格畸变增大了扩散速度和反应动力，有利于 CaO-TiO_2 固相反应的进行，进而提高 $CaTiO_3$ 材料的烧结性能。另一方面，伴随煅烧温度的升高，0～4 号试样的烧结收缩率增大。

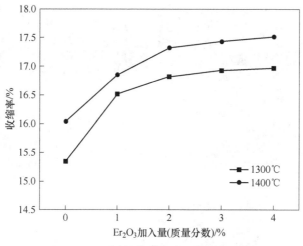

图 4.39　不同煅烧温度下试样的收缩率

4.5.6.3　Er_2O_3 掺杂对 $CaTiO_3$ 显微结构的影响

图 4.40 和图 4.41 所示为 1300℃ 和 1400℃ 烧后试样断口的 SEM 照片。从图 4.40 可以看出，未掺杂 Er_2O_3 的 0 号试样内部残存大量气孔，基体的致密化程度较低。与之相比，Er_2O_3 的掺杂有效改变了试样的微观结构特点，其基体的致密化程度明显提高，气孔数量相对减小，说明 Er_2O_3 的掺杂对 $CaTiO_3$ 的烧结致密化过程有积极的影响。$CaTiO_3$ 晶粒的特征形貌也因 Er_2O_3 的掺杂而改变，Er_2O_3 掺杂后，$CaTiO_3$ 晶粒呈台阶式生长方式，台阶高度约为 100nm，如图 4.40(b) 所示。晶粒尺寸随掺杂量的升高，呈现先增大后减小的趋势，与 0 号试样相比，2 号试样内的晶粒明显长大，$CaTiO_3$ 晶粒从 1.3μm 生长至 3.81μm。这是由于 Er^{3+} 与 Ti^{4+} 之间发生取代反应，在结构中引入氧缺位，促进了扩散与传质。但由于晶粒具有不规则的形状及其异常长大现象，E2 试样晶粒间出现间隙。随着 Er_2O_3 掺杂量的进一步增多，E4 试样中 $CaTiO_3$ 晶粒呈规则的块状，其晶粒尺寸得到细化，减小至 1.73μm。但是 1300℃ 烧后试样未完全致密化，试样内依然残有气孔。从图 4.41 可以看出，随着煅烧温度的升高，$CaTiO_3$ 晶粒的异常长大加

剧，E2试样的晶粒尺寸为12.7μm，并且晶粒结合不紧密。但4号试样内部晶粒形状规则，发育更为完全，尺寸更为均匀，断面处未发现明显的晶粒分离。通过1300℃烧后E4试样中 a 点的 EDS 分析结果可以看出，Ca、Ti、O、Er 等元素共存于一处，Er 元素存在于晶粒之中，说明 Er 元素已固溶进入了 CaTiO₃ 晶格。结合前述晶胞参数的分析发现，Er³⁺ 对晶格内 Ca²⁺ 及 Ti⁴⁺ 的置换作用为固溶反应提供了基础，结构缺陷的生成有利于固相反应传质，优化了 CaTiO₃ 材料的显微结构，提高了烧结性能。

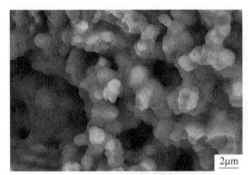
(a) 0号试样

(b) E2试样

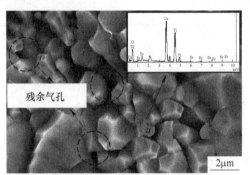
(c) E4试样

图 4.40 1300℃烧后试样的显微结构

通过研究不同 Er₂O₃ 掺杂量及煅烧温度对固相合成 CaTiO₃ 材料晶胞参数、晶胞体积、烧结性能以及微观结构的影响，分析讨论了不同掺杂量下体系中缺陷反应类型及其对烧结性能的作用机理。结果表明：因置换作用所造成的结构缺陷加速了固相反应烧结，试样烧结性能随 Er₂O₃ 掺杂量的增大以及煅烧温度的升高而被改善。CaTiO₃ 晶胞参数和晶胞体积随 Er₂O₃ 加入量的增加呈现先增大后减小的趋势，在掺杂量（质量分数）为 2% 时晶胞体积最大。当 Er₂O₃ 掺杂量（质量分数）在 1%~2% 之间时，Er³⁺ 优先取代 Ti⁴⁺ 位置，引起 CaTiO₃ 晶格膨胀。当 Er₂O₃ 掺杂量（质量分数）超过 2% 时，Ca²⁺ 被 Er³⁺ 取代，CaTiO₃ 晶格发生收缩。

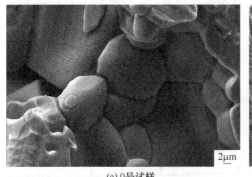
(a) 0号试样

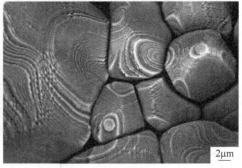
(b) E2试样

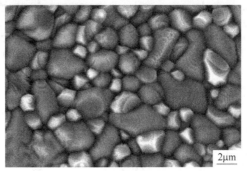
(c) E4试样

图 4.41 1400℃烧后试样的显微结构

引入少量 Er_2O_3，体系中形成的结构缺陷促进了 $CaTiO_3$ 晶粒的生长，但是当 Er_2O_3 加入量（质量分数）为 4% 时，$CaTiO_3$ 晶粒生长受到抑制，晶粒形状规则，整体结构致密。

4.5.7 La_2O_3 掺杂对 $CaTiO_3$ 微观组织结构的影响

4.5.7.1 La_2O_3 掺杂对 $CaTiO_3$ 物相组成及结构的影响

图 4.42 所示为掺杂不同量 La_2O_3 试样的 XRD 衍射图谱，对图中烧后试样 XRD 图谱进行定性分析可以看出，0 号、L1 ~ L4 试样的主晶相均为 $CaTiO_3$，掺杂添加剂并未使试样的主晶相类型发生变化。另外，试样中并未发现与 La_2O_3 相有关的峰，说明二者之间发生了固溶反应。从图 4.42(c) 可以看出，掺杂之后主晶相 $CaTiO_3$ 发生了偏移。半径不同的离子之间发生取代反应将会造成 $CaTiO_3$ 的晶胞参数和晶胞体积发生变化，该变化反映在 XRD 图谱上就是衍射峰的偏移。对比图中试样衍射峰峰形可以看出，La_2O_3 掺杂致使 $CaTiO_3$ 衍射峰变得尖锐，$CaTiO_3$ 晶体特征愈发明显。为说明 La_2O_3 掺杂 $CaTiO_3$ 陶瓷性能的作用机理，试

验采用 X'pert High score Plus 软件对 X 射线谱图进行拟合，分析 CaTiO$_3$ 固溶体晶格常数、晶胞体积的变化趋势。

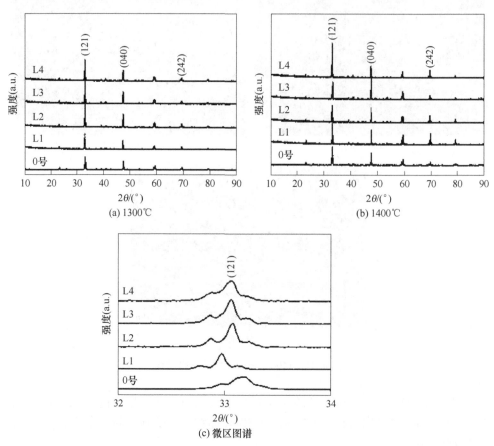

图 4.42   试样经不同温度烧结后的 XRD 图谱

众所周知，离子间的取代反应的程度与溶质、溶剂离子的半径值有关。当二者半径相差小于 15% 时，溶质与溶剂物质发生反应会形成连续固溶体；当两者差值介于 15%～30% 时，溶质与溶剂会形成有限固溶体；当两者差值大于 30% 时，固溶过程晶格畸变过大，无法发生固溶反应形成稳定的固溶体。La^{4+} 与 Ti^{4+} 的半径相差 70.58%，相互之间无法发生取代反应。而 La^{4+} 与 Ca^{2+} 的半径仅相差 3.2%，远小于 15%，二者之间可发生取代反应，形成连续固溶体。当 La^{4+} 取代 Ca^{2+} 时，可能发生的缺陷反应的方程式如下所示。

$$La_2O_3 \xrightarrow{CaTiO_3} 2La_{Ca}^{\cdot}+3O_O+V'_{Ca} \text{缺陷方程式：} Ca_{1-x}TiLa_xO_{3-0.5x}V''_{Cax}$$

$$La_2O_3 \xrightarrow{CaTiO_3} 2La_{Ca}^{\cdot}+3O_O+\frac{1}{2}V'''_{Ti} \text{缺陷方程式：} Ca_{1-x}TiLa_xO_{3-0.5x}V''''_{Ti0.5x}$$

$$La_2O_3 \xrightarrow{2CaTiO_3} 2La_{Ca}^{\bullet} + 3O_O + 2Ti_{Ti}(Ti^{4+} \longrightarrow Ti^{3+}) + 2e'$$

缺陷方程式：$Ca_{1-x}LaTi_{1-x}^{4+}(Ti^{4+} \cdot e)_xO_3$

为了讨论 La_2O_3 掺杂量与体系缺陷类型的关系，选用（121）、（200）及（002）特征峰晶面计算固溶相的晶胞参数和晶胞体积。合成的 $CaTiO_3$ 属于正交晶系，Pnma 空间群。晶面间距 d、晶面指数（hkl）及晶胞参数 a、b、c 符合所示的关系式。利用 X'pert High score Plus 软件结合不同晶面对应的晶面间距，计算 $CaTiO_3$ 的晶胞参数和晶胞体积。

图 4.43 所示为 La_2O_3 加入量对不同温度烧结 $CaTiO_3$ 试样主晶相晶胞参数的影响。图中可以看出，合成产物 $CaTiO_3$ 的晶胞参数和晶胞体积随 La_2O_3 加入量的增大呈现先增大后减小的趋势。在 1300℃、1400℃ 烧成时加入量（质量分数）分别为 2%、1% 的试样晶胞体积最大。烧结温度为 1300℃ 时，当 La_2O_3 加入量（质量分数）由 0% 增加至 2% 时，试样中主晶相的晶胞体积从 $0.223168nm^3$ 增大至 $0.223821nm^3$。此时体系内的主要缺陷类型为 $Ti^{3+} \cdot e$，Ti^{3+} 的半径大于 Ti^{4+} 的半径，因此造成晶胞体积的增大。为对于加入 3% 和 4% La_2O_3 的 L3、L4 试样，固溶体的晶胞体积出现减小趋势，4 号试样中固溶体的晶胞体积为 $0.223433nm^3$。当 La_2O_3 掺杂量进一步增大时，反应体系内的主要缺陷类型从 Ti^{3+} 向 V_{Ca}'' 或者 V_{Ti}'''' 转变，空位缺陷将会造成固溶体晶胞体积的减小。1400℃ 烧结试样中固溶体的晶胞体积变化趋势与此类似，但是其晶胞畸变更为明显，这是由于升高烧结温度更有利于固溶反应的进行。

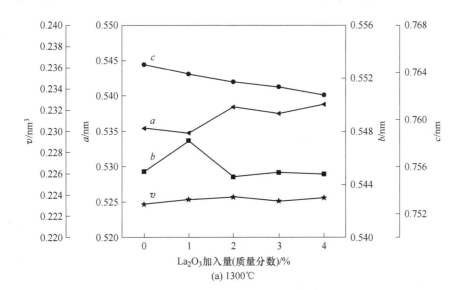

(a) 1300℃

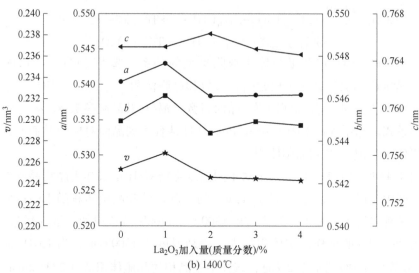

(b) 1400℃

图4.43 La$_2$O$_3$加入量对不同温度烧结CaTiO$_3$试样主晶相晶胞参数的影响

4.5.7.2 La$_2$O$_3$掺杂对CaTiO$_3$烧结性能的影响

图4.44所示为La$_2$O$_3$加入量对试样在不同温度烧后的收缩率。从图中可以看出，La$_2$O$_3$的掺杂促进了CaTiO$_3$材料的烧结收缩，试样烧后收缩率随La$_2$O$_3$掺杂量的增加而增大。固相烧结CaTiO$_3$材料时，其结构中的缺陷扩散对其烧结性能影响很大。分析认为，在固相反应体系中掺杂La$_2$O$_3$时，La$_2$O$_3$与CaTiO$_3$的固溶作用将会在结构中形成V_{Ca}''和V_{Ti}''''（Ti^{4+}空位），结构缺陷造成的晶格畸变增大了扩散速度和反应动力，有利于CaO-TiO$_2$固相反应的进行，进而提高CaTiO$_3$材

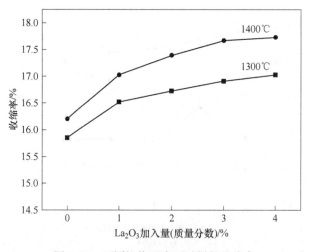

图4.44 不同煅烧温度下试样的收缩率

料的烧结性能。另一方面，伴随煅烧温度的升高，反应体系的反应速率增大，这加快了反应速度和烧结速率，L1~L4 试样的烧结收缩率增大。

4.5.7.3 La₂O₃ 掺杂对 CaTiO₃ 显微结构的影响

图 4.45 所示为不同 La$_2$O$_3$ 加入量对 1300℃ 和 1400℃ 烧后试样显微结构的影响。可以看出，La$_2$O$_3$ 的掺杂改变了 CaTiO$_3$ 晶粒的特征形貌和尺寸。加入 La$_2$O$_3$ 后，CaTiO$_3$ 晶粒的生长方式为台阶式生长，台阶生长将促使晶粒粗化。加入大于 1%La$_2$O$_3$ 的晶粒尺寸较未加入 La$_2$O$_3$ 的晶粒尺寸明显长大，这是由于 La^{4+} 的固溶在结构中引入了晶格缺陷，促进了离子间传质与扩散。但是由于晶粒异常生长及不规则的晶粒形状，L2 试样晶粒间出现明显间隙，试样不致密。随着 La$_2$O$_3$ 加入量的进一步增大，L4 试样中 CaTiO$_3$ 晶粒表面台阶形貌消失，晶粒紧密相连。从图 4.46 可以看出，随着烧结温度的提高，晶体的台阶形貌不再明显，晶粒形状越发规则，晶粒尺寸略有增大。通过 1400℃ 烧结试样中 a 点的 EDS 分析结果可以看出，a 点处可检测出 Ca、Ti、O、La 等元素，La 元素存在于晶粒之中，说明 La 元素已固溶进入了 CaTiO$_3$ 晶格。

(a) 0号 (b) L1

(c) L3 (d) L4

图 4.45 1300℃烧后试样的显微结构

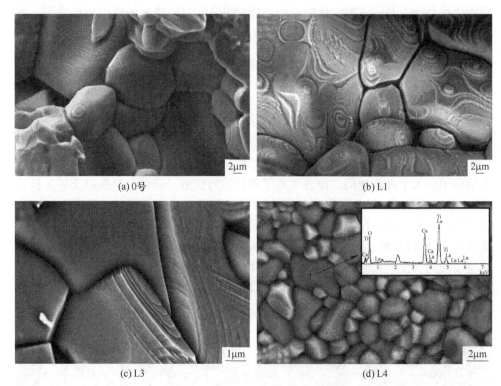

(a) 0号   (b) L1

(c) L3   (d) L4

图 4.46   1400℃烧后试样的显微结构

本节通过研究发现，由于 La^{3+}对 Ca^{2+}的置换作用，钛酸钙的晶体结构发生畸变，晶格常数以及晶胞体积先增大后减小。反应过程中结构缺陷类型的改变，是造成晶胞体积的变化趋势呈非线性的原因。形成的结构缺陷加速了固相反应，钛酸钙晶粒由发育不完全的台阶状转变为规则的多边形。过量的 La$_2$O$_3$会抑制晶粒的生长，降低晶粒尺寸。随着煅烧温度的升高，结构中热缺陷浓度的升高促进了钛酸钙的烧结。

5 CaO-Al₂O₃-TiO₂系 合成材料的组成、结构及性质

5.1 CaO-Al₂O₃-TiO₂ 合成耐火材料

5.1.1 CaO-Al₂O₃-TiO₂ 三元系统

图 5.1 所示为 $CaO\text{-}Al_2O_3\text{-}TiO_2$ 三元系统。从图中可以看出，三元体系内有 8 种二元化合物，分别为 AT、CT、C_3T_2、C_3A、$C_{12}A_7$、CA、CA_2、CA_6。其中一致熔二元化合物为 AT、CT、$C_{12}A_7$、CA、CA_2。体系内存在 10 个无变量点，无变量点最高温度为 1585.5℃，为 CA_6、CA_2 和 CT 初晶区交点位置，最低温度为 1368℃，为 CA、$C_{12}A_7$ 和 CT 初晶区交点位置。

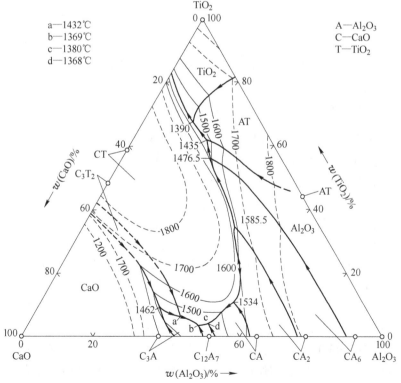

图 5.1 CaO-Al₂O₃-TiO₂ 三元系统

5.1.2 CaO-Al₂O₃-TiO₂ 合成热力学

图 5.2 所示为 CaO-Al₂O₃-TiO₂ 合成热力学图形。图中共做出三组反应方程式，分别为 CA_6、CA_2 和 CT 的合成反应方程式。从图 5.1 可以看出三元体系内无变量点温度最高点为 CA_6、CA_2 和 CT 初晶区交点，意味着该体系（CA_6-CA_2-CT）是整个三元系统中作为耐火材料的最佳组成。根据热力学计算，可以看出生成 CA_6 的可能性最大，其次为 CA_2 和 CT。

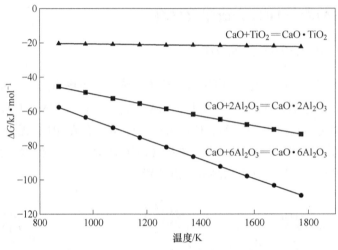

$$CaO+TiO_2 = CaO \cdot TiO_2$$
$$CaO+2Al_2O_3 = CaO \cdot 2Al_2O_3$$
$$CaO+6Al_2O_3 = CaO \cdot 6Al_2O_3$$

图 5.2   CaO-Al₂O₃-TiO₂ 合成热力学图形

5.1.3 CaO-Al₂O₃-TiO₂ 系耐火材料的合成方法

CaO-Al₂O₃-TiO₂ 系耐火材料的合成是以合成六铝酸钙、钛酸铝和钛酸钙为基础，复合而成的一类新材料。其复合材料的国内外相关参考资料甚少，而合成单相材料的相关参考资料相对比较集中。国内研究机构主要集中在福州大学、浙江大学、中国海洋大学、南昌航空大学、景德镇陶瓷学院等高校。

福州大学材料科学与工程学院谢志煌利用铝材厂污泥研制刚玉/莫来石/钛酸铝复相材料，设计了以铝型材厂煅烧污泥为主原料，研制刚玉/莫来石/钛酸铝复相材料。主要探讨不同配方对复相材料结构与性能的影响，从而确定较佳的配方。各试样形成 3 种晶相，即 α-Al₂O₃、$Al_{4.59}Si_{1.41}O_{9.7}$ 和 Al_2TiO_5，其中 $Al_{4.59}Si_{1.41}O_{9.7}$ 是主晶相。分析结果确定了最佳的配方，其对应晶相含量（质量分数）：α-Al₂O₃ 为 15.2%，$Al_{4.59}Si_{1.41}O_{9.7}$ 为 57.6%，Al_2TiO_5 为 27.2%；其对应的抗折强度为 107.63MPa，一次热震强度抗折强度保持率为 41.51%。福州大学王成勇等人研究了烧结工艺对刚玉/莫来石/钛酸铝复相材料晶相与显微结构的影响。该研究以刚玉、黏土和 TiO$_2$ 为原料制备了刚玉/莫来石/钛酸铝复相材料，发现该体系最佳的反应烧结温度为 1500℃，最佳的保温时间为 4h。

浙江大学材料系徐欢笑研究了 Al$_2$O$_3$/Al$_{2(1-0.2)}$Mg$_{0.2}$Ti$_{(1+0.2)}$O$_5$ 基复相陶瓷的制备及其性能，设计了以工业级 α-Al$_2$O$_3$、金红石型 TiO$_2$ 和轻质 MgO 粉体为原料，过量配置 α-Al$_2$O$_3$，采用固相反应法于 1400℃ 煅烧，实现了 Al$_2$O$_3$/Al$_{2(1-0.2)}$Mg$_{0.2}$Ti$_{(1+0.2)}$O$_5$ 基复相粉体的原位合成，实现两相的均匀混合，原位制备出性能良好的 Al$_2$O$_3$/Al$_{2(1-0.2)}$Mg$_{0.2}$Ti$_{(1+0.2)}$O$_5$ 基复相陶瓷。研究结果表明当复相 Al$_2$O$_3$ 的引入量为 15%（质量分数）时，钛酸铝基复相陶瓷的抗弯强度提高到 108MPa，并且具有较低的热膨胀系数 0.7×10^{-6}/℃。成都理工大学朱禄发等人研究了等离子喷涂 Al$_2$O$_3$-13%TiO$_2$ 涂层的海水腐蚀磨损性能。研究发现涂层由 α-Al$_2$O$_3$、γ-Al$_2$O$_3$、金红石型 TiO$_2$ 和 Al$_2$TiO$_5$ 相组成，其中富 Ti 相呈条带状分布于富 Al 基体中；涂层在海水工况具有较好的润滑性，与干摩擦相比，其摩擦因数减小了 0.15，且具有较好的稳定性。上海工程技术大学王斌等人研究了激光重熔 Al$_2$O$_3$-TiO$_2$ 涂层的显微组织与性能。该研究以纳米 Al$_2$O$_3$ 和纳米 TiO$_2$ 粉末为原料，经过再造粒制备可喷涂喂料，并在钛合金表面利用可喷涂喂料通过等离子喷涂工艺制备纳米结构陶瓷涂层，将制备出的喷涂态涂层进行激光重熔，以此研究了激光重熔前后涂层的显微组织与性能。研究发现激光重熔工艺处理后，亚稳态 γ-Al$_2$O$_3$ 向稳定态 α-Al$_2$O$_3$ 转变，部分氧化钛又重新转变为金红石型氧化钛。经过激光重熔工艺处理后，等离子喷涂涂层微观结构缺陷（层片状结构、气孔、微裂纹）得以消除，激光重熔涂层平均维氏硬度值比等离子喷涂涂层的平均维氏硬度值高，涂层具有致密化、均匀化的微观组织结构。

南京工业大学陈涛等人研究了退火工艺对 0.9Al$_2$O$_3$-0.1TiO$_2$ 微波介质陶瓷性能与结构的影响。研究发现经过退火后，第二相 Al$_2$TiO$_5$ 分解，陶瓷的表面规整，致密度高。在空气气氛下，1350℃ 烧结 4h，氧气气氛下 1100℃ 退火 20h 的 0.9Al$_2$O$_3$-0.1TiO$_2$ 微波介质陶瓷具备优异的介电性能。江西理工大学陈颖等人研究了等离子喷涂 Al$_2$O$_3$-TiO$_2$ 陶瓷涂层的显微组织及摩擦学性能。该研究以 Al$_2$O$_3$-TiO$_2$ 复合陶瓷粉末为原料，采用等离子喷涂工艺在 316L 不锈钢基体表面制备 5 种陶瓷涂层。研究发现涂层呈典型的等离子喷涂层状堆积特征，涂层与基体结合良好，随 TiO$_2$ 含量增加，涂层主相由 γ-Al$_2$O$_3$ 向 Al$_2$TiO$_5$ 相过渡，涂层韧性升高，硬度和孔隙率降低。装甲兵工程学院李长青等人研究了超音速等离子喷涂纳米结构 Al$_2$O$_3$-13%TiO$_2$ 涂层的形成机理。研究发现涂层主要由完全熔融和不完全熔融两部分组成，Al$_2$O$_3$ 和 TiO$_2$ 之间存在 Al$_2$TiO$_5$ 共晶组织和界面间原子尺度键合结构。上海工程技术大学黄继龙等人研究了高频微振作用下 TC4 激光熔覆 Al$_2$O$_3$-TiO$_2$ 涂层的组织与性能。研究发现高频微振作用激光熔覆制备的 Al$_2$O$_3$-TiO$_2$ 涂层质量更好、更易成形，高频微振作用下激光熔覆制备的 Al$_2$O$_3$-TiO$_2$ 涂

层主要由 $\alpha-Al_2O_3$、Al_2TiO_5、TiO_2、Ti 和 $AlTi_3$ 等物相构成，涂层显微硬度（$HV_{0.3}$）达到 1200，为基体硬度的 3 倍。

国外关于该类复合材料的研究，如瑞士 M. Daraktchiev 研究了六铝酸钙的高温力学性能和蠕变性。对试样进行了四点弯曲蠕变测试，力学波普学测试温度范围在 1300~1600K。由 Dorn 提出的温度补偿时间概念，通过等温线蠕变和内耗测量值推断活化焓值约为 620kJ/mol。意大利 Chiara Schmid 研究了以 ZTA 为添加剂的六铝酸钙和六铝酸锶的合成，提出了一种四方氧化铝和六铝氧化锆-Ca/Sr 的新型制备方法。研讨了两种粉末的制备路线：第一种是将硝酸铝和硝酸钙或硝酸锶水合物加入氧化铝和氧化锆粉末当中；第二种仅使用硝酸钙或硝酸锶的水合物。粉末是先由第二种方法制备的，由于加固物没有约束复合材料的烧结过程。西班牙 Cristina Dominguez 研究了 Fe^{3+} 对反应烧结六铝酸钙的烧结性和显微结构的影响，研究了化学计量混合的 $CaCO_3/(6-x)Al_2O_3/xFeZO_3$ 的反应烧结过程中相的演变。根据离子含量和烧结温度来研究显微结构的演变。结果表明：几种烧结过程中的中间相（CA、和 CAF_2）和相演变中 $CaO\cdot6(Al,Fe)_2O_3$ 固溶体可以依靠 $CaO-Al_2O_3-Fe_2O_3$ 相图来解释最终的微观结构。

法国 Cristina Dominguez 研究了六铝酸钙的热力学性能和断裂机制。六铝酸钙是一种类似于氧化铝的材料。课题研究了六铝酸钙的弯曲强度、韧性、裂纹扩展阻力和热震断裂行为。凭借观察到的表面裂纹和断口处的裂纹生长判断断裂机理还有评估显微结构对材料性能的影响；并将检测出的性能与氧化铝的性能相比较。葡萄牙 W. Hajjaji 研究了共同载荷六铝酸钙颜料合成过程中固态废物的循环再利用。首先采用分析纯试剂合成了掺杂钴的六铝酸钙，随后分析纯试剂被工业废料所取代。合成物成分由 X 射线衍射和 X 射线荧光来检测。Al 阳极沉淀物取代了纯金属 Al，破碎的大理石尾矿和铸造沙被作为方解石和硅土使用。正如预期所料，掺杂钴的黑铝钙石在煅烧的粉末中是主晶相，由于钴占据四面体位置，使其表现出强烈的蓝色。

日本 Mingjun Li 研究了在无容器凝固状态下的 $CaO\cdot6Al_2O_3$ 的相位选择。$CaO\cdot6Al_2O_3$ 熔体在无容器条件下，经空气声学变形法进行固化，且制冷条件不单一。研究结果表明，当熔体温度高于转熔温度 T_p 时，Al_2O_3 会固化。当熔体在温度低于 T_p 的时候会冷却，$CaO\cdot6Al_2O_3$ 转熔相会直接结晶。从成核现象角度深层分析直接形成的转熔相，表明最小自由能原理可能被用来解释 CA_6 的成核现象。通过经典 BTC 模型计算了 Al_2O_3 和 CA_6 的界面连接动力学，结果表明即使 CaO 掺杂到 Al_2O_3 中，其界面动力学系数也只高于 CA_6 转熔相四次方，熔体中 Al_2O_3 的生长动力学并不足够大，让其取代 CA_6 作为初相。因此，CA_6 一旦成核，它可以发育成为巨大的晶体作为初相。

西班牙加泰罗尼亚理工大学 C. A. Botero 研究了纳米压痕 Al_2O_3/Al_2TiO_5 复合

材料，通过纳米压痕估测并分析 Al$_2$O$_3$/Al$_2$TiO$_5$ 复合材料的力学性能，对不同的渗透深度的试样进行压痕。结果发现，氧化铝和钛酸铝的粒度决定复合材料的力学性能，压痕的穿透深度可以达到 1500nm。而且，通过不同压痕模型分析了无裂纹 Al$_2$TiO$_5$ 的弹性模量，结果表明对于所有试样，压痕穿透深度测试前后，强化相上均不会出现微裂纹。俄罗斯下诺夫哥罗德国立大学 A. V. Knyazev 通过研究 M$_2$O-Al$_2$O$_3$-TiO$_2$ 系统，利用固相反应生成四种结构类型的结晶化合物。反应首先合成 LiAlTiO$_4$、K$_2$Al$_2$Ti$_6$O$_{16}$、Rb$_2$Al$_2$Ti$_6$O$_{16}$ 和 Cs$_2$Al$_2$Ti$_6$O$_{16}$，并采用 Rietveld 法精修了试样的晶体结构，对 M$_2$O-Al$_2$O$_3$-TiO$_2$ 系统中所有化合物均进行了化学分类。西班牙皇家研究所的 Tamara Molina 研究了钛酸铝复合材料的分散性和反应烧结性。由于钛酸铝复合材料的制备要么通过氧化铝基质粉末与已经加工好的钛酸铝混合生产，要么通过氧化铝粉末与二氧化钛粉末反应烧结制备，后者反应烧结制备的材料通常会出现大量微裂纹并受最终密度的限制。因此，该课题组对比了注浆成型法和反应烧结法制备钛酸铝纳米复合材料工艺，亚微米氧化铝水悬浮液和二氧化钛悬浮液分别以 87:13 的比例进行混合。结果发现双峰分布试样的初始相对密度达到理论密度的 70%，钛酸铝的形成温度为 1400℃。印度腐蚀科学与技术集团 Jagadeesh Sure 对等离子喷镀 Al$_2$O$_3$-40% TiO$_2$（质量分数）涂层的微观结构进行了表征，研究发现石墨作为一种候选材料，可以在熔融性极强氯化环境下使用，经真空退火和激光熔融处理的高密度石墨基板对等离子喷镀 Al$_2$O$_3$-40% TiO$_2$（质量分数）涂层微观结构和化学改性将产生显著影响。对比不同的喷涂料，真空退火涂层呈集群形态、激光熔融涂层的微观结构呈均匀状态。激光熔融涂层 Al$_2$TiO$_5$ 相可提高试样显微硬度，由于消除了激光熔融试样的涂层缺陷，试样的粗糙度明显降低。

德国弗莱贝格工业大学 Kirsten Moritz 研究了钛酸铝相对富铝镁铝尖晶石耐火材料抗热震性能的影响。研究发现，为了提高富铝镁铝尖晶石陶瓷的抗热震性能，Al$_2$TiO$_5$ 可以作为尖晶石原料混合后的预合成体，也可以添加氧化铝和二氧化钛在烧结期间原位形成。试验通过 950℃ 或 1150℃ 淬火的方法检测材料的抗热震性，对烧后试样进行 1~5 次循环试验。研究发现 1550℃ 最适合试样烧结。含 Al$_2$TiO$_5$ 的试样烧后气孔率低、晶粒大、强度差，与不含 Al$_2$TiO$_5$ 的试样相比，经热震后试样的残余强度更高。伊朗 Semnan 大学材料与冶金工程系 M. Sobhani 研究了不同 TiO$_2$ 含量的 Al$_2$O$_3$/Al$_2$TiO$_5$ 复合材料的 R 曲线行为。比较了纳米级和微米级氧化铝/20%（质量分数）钛酸铝复合材料的抗断裂性（R 曲线）。研究发现与板状氧化铝相比。无论是微米级复合材料还是纳米级复合材料都表现出显著的强度变化，微米级复合材料和纳米级复合材料在最大载荷条件下的 K_{IC} 值显著增大。从 Al$_2$O$_3$/Al$_2$TiO$_5$ 复合材料的显微结构可以观察出试样出现衔接和微裂纹主要是增韧机理所形成的。

5.1.4　CaO-Al₂O₃-TiO₂ 合成耐火材料的发展与应用

CaO-Al$_2$O$_3$-TiO$_2$ 合成耐火材料中钛酸铝及其复合材料的研究和应用尤为广泛，如浙江大学徐刚研究了铝合金低压铸造用钛酸铝陶瓷升液管的制作，利用 XRD 研究了采用不同稳定剂制备的钛酸铝陶瓷在 850℃ 还原气氛下（铝熔体中）的热分解率。发现采用复合稳定剂 Y$_2$O$_3$+MgO 制备的钛酸铝陶瓷材料在铝熔体中 850℃/500h 的热分解率仅为 4.3%，具有良好的热稳定性。利用该材料所制备的低压铸造陶瓷升液管，在 700~900℃ 的热稳定性优良，可稳定运行 60d 不破坏。浙江大学材料系徐刚研究了钛酸铝固溶体陶瓷的制备与性能，用工业级原料采用固相反应法合成了钛酸铝固溶体 ［Al$_{2(1-0.2)}$Mg$_{0.2}$Ti$_{1+0.2}$O$_5$］。研究了氧化镁（MgO）在钛酸铝（Al$_2$TiO$_5$）结构中的固溶对粉体合成的影响，通过测量 Al$_{2(1-0.2)}$Mg$_{0.2}$Ti$_{1+0.2}$O$_5$ 陶瓷的体密度、热膨胀系数和抗弯强度，进一步研究了其烧结行为、热膨胀行为和力学性能。结果表明：由于 MgO 的固溶，在相对较低的温度（1300℃）煅烧便合成纯相 Al$_{2(1-0.2)}$Mg$_{0.2}$Ti$_{1+0.2}$O$_5$ 粉体，并且具有良好的烧结活性。用 1380℃ 合成的粉体，经 1450℃ 保温 4h 烧结的 Al$_{2(1-0.2)}$Mg$_{0.2}$Ti$_{1+0.2}$O$_5$ 陶瓷，不仅具有低膨胀特性，而且有足够高的抗弯强度。浙江大学材料系徐刚研究了钛酸铝陶瓷材料在铝熔体中的抗热震行为及热膨胀特性。钛酸铝陶瓷材料具有低膨胀、抗热震和与有色金属熔体不润湿等特性，是制备铝合金低压铸造机用易损件升液管、中间管，以及铝熔体熔炉内腔的首选材料。作者模拟升液管的应用条件，将钛酸铝陶瓷试块浸润到铝熔体中（750℃），周期性间隔 1h 取出，测试其室温抗弯强度和热膨胀性能的变化，研究了钛酸铝陶瓷材料的抗热震性能。发现钛酸铝陶瓷经历最初的热震时，强度变化较大，但抗弯强度仍保持在 30MPa 左右，经历 10 次浸润和热震后，强度基本恒定，约为初始抗弯强度（36MPa）的 80%，抗热震性能优良，可以适应铝合金低压铸造的间歇应用。浙江大学吴自敏等人研究了熔铝炉用钛酸铝轻质浇注料。研究采用溶胶凝胶法制备了钛酸铝层修饰的氧化铝空心球，在此基础上以钛酸铝和氧化铝微粉为基料、钛酸铝层修饰的氧化铝空心球为骨料制备一系列浇注料。研究发现钛溶胶在氧化铝空心球表面形成薄膜结构，修补了空心球的缺陷，使空心球的强度得到了提高，同时钛酸铝能提高浇注料抗铝液浸润性能。

南昌航空大学刘智彬等人研究了凝胶注模成型钛酸铝陶瓷工艺及性能。该研究采用低毒性凝胶体系研究钛酸铝陶瓷材料的成型工艺，研究发现随分散剂含量的增加，浆料黏度先减后增，加入量（质量分数）为 1.4% 时浆料的黏度值最小。当烧成温度为 1560℃ 时，钛酸铝陶瓷的体积密度和抗弯强度最高；当固相体积分数逐渐增加时，坯体和烧结体的强度出现不同程度的增加。MgO、SiO$_2$ 以及 MgO+富钇稀土复合添加剂，均可在不同程度上提高钛酸铝陶瓷的抗弯强度和热稳定性。MgO 对抑制钛酸铝热分解的效果优于 SiO$_2$ 和 MgO+富钇稀土复合添加剂，当 MgO 含量为适量时，钛酸铝陶瓷抗弯强度为 27.99MPa，热分解率为 3.13%，其综合性能良好。山东滨州渤海活塞股份有限公司牟俊东等人研制了铝活塞低压铸造用钛酸铝与无机聚合物复合冒口。研究采用低膨胀的耐高温钛酸铝陶瓷作为复合冒口的内衬，以无机聚合物陶瓷材料作为复合冒口保温外层，采用适当的复合工艺制成陶瓷复合冒口。这种冒口具有很好的抗热震性及合适的保温效果，已在使用中显示出性能优异，完全满足铝合金活塞低压铸造工艺要求。

日本超细陶瓷中心诚田中研究了熔融铝合金中钛酸铝陶瓷的腐蚀行为对晶界裂纹的影响。研究发现在熔炼含少量镁的熔融铝合金中，掺杂添加剂会对钛酸铝陶瓷的腐蚀行为和晶界裂纹产生影响。钛酸铝先分解再与液态或气态镁反应生成 MgAl$_2$O$_4$，试样表面不仅随着熔融过程变得疏松，而且在陶瓷内部晶界处开始出现裂纹。同时发现通过控制钛酸铝晶粒尺寸可以提高其抗腐蚀性。日本金属材料研究所 Akihiko Ito 通过激光化学气相沉积制备羽毛状结构的 β-Al$_2$TiO$_5$ 薄膜，β-Al$_2$TiO$_5$ 薄膜由柱状晶粒组成，在柱状晶粒的一侧形成羽毛状结构。研究发现在微柱上制备出锯状纳米结构，羽毛状结构中柱状晶和纳米结构的微观结构演变与铁板钛矿 β-Al$_2$TiO$_5$ 晶体结构有关。

依菲特大学的 C. C. Palacio 研究了采用等离子喷涂法加工 Al$_2$O$_3$-TiO$_2$ 涂层工艺以及抗钻性能。课题采用质量分数为 13%Al$_2$O$_3$ 和 45%TiO$_2$ 的微米级粉体作为原料，通过等离子喷涂法将原料喷涂在 AISI 1040 钢的表面，通过微压痕实验测定涂层的力学性能。根据涂层硬度和抗钻强度的相关性研究发现，涂层厚度对材料力学性能起决定性作用。西班牙皇家陶瓷研究院的 Mónica Vicent 研究了以双峰粒度分布的 Al$_2$O$_3$-TiO$_2$ 为原料的等离子喷涂工艺。首先通过喷雾干燥对两种不同固含量的悬浮液进行干燥，干燥的试样气孔率降低；其次进行优化沉积，确保复合粉体成功沉积，生成的涂层能很好地结合基质，发现大部分粒子已经完全熔化，也存在半熔化的原料聚结。最后通过分析试样的显微硬度、韧性、附着力和摩擦行为，发现通过改变颗粒特性可以控制涂层的品质和性能，使用喷雾干燥后的粉体为原料可制备具有良好力学性能的试样。

伊朗谢里夫理工大学 Abolfazl Azarniya 观察了微观结构下的钛酸铝粒子和纳米结构，探究了其组织演变过程及机理。通过柠檬酸溶胶凝胶及辅助静电纺丝法制备钛酸铝粒子和纳米纤维，发现制备产品的平均粒度小于 70nm，制备的最佳时间和最佳温度分别为 2h 和 900℃；溶胶凝胶前驱体直到 700℃ 还未形成定型结构，在较高温度下氧化铝、锐钛矿和钛酸铝开始结晶；钛酸铝在高于 900℃ 时分解成金红石和氧化铝，1100℃ 时分解速率达到最大值。印度国家技术学院机械工程系 Sujith Kumar C. S. 研究了含有 Fe 的 Al$_2$O$_3$-TiO$_2$ 复合涂层以及在铜表面流动传热增强的问题。课题组分析了在高于临界热通量和沸腾传热系数的情况下，对含有喷雾热解 Fe 的 Al_2O_3-TiO_2 复合涂层的影响。课题采用软化水作工作液在轮廓尺寸为 30mm×20mm×0.4mm 的微型通道内进行传热，测试每种涂层试样。采用静态接触角和原子力显微镜测定含 Fe 涂层表面的润湿性和气孔率。研究发现所有涂层试样与喷砂铜表面相比，临界热通量和沸腾传热系数显著提高。含 7.2%Fe 的 Al_2O_3-TiO_2 复合涂层的质量通量为 88kg/（m^2·s），临界热通量和沸腾传热系数的最大值为 52.39% 和 44.11%。

韩国无机材料制备与应用研究所 Naboneeta Sarkar 利用泡沫稳定颗粒的方法制备了 Al_2TiO_5-莫来石多孔陶瓷，课题采用直接发泡法合成 Al_2TiO_5-莫来石多孔陶瓷。使用 Al_2O_3/TiO_2 摩尔比为 3∶2 的复合材料制备二次悬浮液，混合后的初始悬浮液体积分数分别为 0、10%、20%、30% 和 50%，试样经烧后得到 Al_2TiO_5-莫来石多孔陶瓷。湿泡沫体的空气含量（体积分数）为 80%~92%，分析表明 68%~83% 的泡沫体呈稳定状态。在晶界处存在极高的吸附自由能（$2.2×10^{-13}$~$2.7×10^{-13}$J），导致气液交界处的晶粒不可逆吸附，泡沫体具有较高的稳定性。西班牙陶瓷技术研究所 M. Vicent 研究了悬浮等离子喷涂 Al_2O_3-TiO_2 涂层对初始粒度分布性能的影响。通过等离子喷涂法沉淀 Al_2O_3-TiO_2 涂层，团聚粉体和纳米级粉体比传统微米级粉体表现出更好的性能。通过悬浮等离子喷涂法成功沉淀 Al_2O_3-13%TiO_2 摩擦涂层，三种不同的原料，即纳米级悬浮液和不同固含量的二氧化钛纳米颗粒、微米级氧化铝颗粒组成的两种悬浮液。研究发现不同的原料沉淀后其显微结构和物相相似，由纳米颗粒组成的悬浮原料使涂层的力学性能得到极大提高。

美国科罗拉多大学机械工程系 S. K. Jha 研究了 Al_2O_3-TiO_2 系统在瞬时烧结过程中的相变。首先混合 Al_2O_3 粉体和 TiO_2 粉体，最后转变成微观结构致密的 Al_2O_3-TiO_2。物相的烧结和相变分别进行，在瞬时烧结过程的第二阶段发生烧结，在瞬时烧结过程的第三阶段发生相变。第三阶段是电流控制下瞬时激活的稳定状态，然而第二阶段是从电压到电流控制的转型期，相变程度随电流密度和运行时间的增加而增强。

关于六铝酸钙及其复合材料的研究，如中国地质大学曾春燕等人研究了以白云石为钙镁源合成六铝酸钙和尖晶石的研究。该研究以白云石 [$CaMg(CO_3)_2$] 和 $Al(OH)_3$ 为原料合成六铝酸钙（CA_6）和尖晶石（$MgAl_2O_4$）复合材料，分析了不同原料配比对试样的物相组成和显微形貌影响。研究结果表明：以白云石和 $Al(OH)_3$ 为原料，在 1550℃保温 3h 条件下，可以合成 CA_6 和 $MgAl_2O_4$。在该温度条件下，不同白云石和 $Al(OH)_3$ 摩尔配比的试样烧结后的主要物相为 CA_6 及 $MgAl_2O_4$，六铝酸钙呈现片晶状，尖晶呈细小颗粒状。

基于以上总结和归纳国内外关于 CaO-Al_2O_3-TiO_2 耐火材料的合成研究，对于六铝酸钙/钛酸钙的研究相对较少，因此本章重点分析研究钙钛矿/六铝酸钙复相结构材料，利用钛铁合金生产过程中形成的含铝废渣——铝钛渣为原料，利用其化学组成特点，通过固相反应烧结方法制备钙钛矿/六铝酸钙复相结构材料，该材料具有较强的原料优势和成本优势，同时复相结构材料具有比单相结构材料更好的优势互补性能等。然而对于利用废渣为原料，通过高温固相反应制备复相结构材料的突出问题是高温条件下，由于杂质引入所形成的高温液相对合成产物结晶性能的影响，因此如何通过改变煅烧条件以及加入添加剂控制合成产物的结晶性能是研究的重点。本章内容重点研究分别在 1400℃、1450℃和 1500℃煅烧条件下，添加剂对合成钙钛矿/六铝酸钙复相结构材料中相组成、微观结构、结晶相晶胞常数以及烧后试样相对结晶度的影响。

5.2 添加剂对 CaO-Al₂O₃-TiO₂耐火材料的影响

5.2.1 原料

铁合金厂铝钛渣主要化学组成（质量分数）为 Al_2O_3 66.92%、TiO_2 12.16%、CaO 6.62%、SiO_2 5.15%、MgO 6.65%，试验选用分析纯级的氧化钙和氧化铝。

5.2.2 制备

按 $CaTiO_3/CaAl_{12}O_{19}$ 化学计量比以及铝钛渣的化学组成，分别配入氧化钙和氧化铝原料，并形成基础配方，标记为 0 号。在 0 号配方基础上，外加质量分数为 0.4%、0.8%、1.2%、1.6%和 2.0%的 Er_2O_3，配方标记为 E1~E5。在 0 号配方基础上，外加质量分数为 0.4%、0.8%、1.2%、1.6%和 2.0%的 ZrO_2，配方标记为 Z1~Z5。各配方物料先后经过研磨、混炼、成型、干燥和煅烧等工序，各工序制度分别为研磨速度 300r/min，研磨时间 60min；混炼时间 10min，结合剂用量 5%；成型压力 50MPa，成型试样大小 φ20mm×20mm；干燥时间温度 110℃，干燥时间 2h；煅烧温度 1400℃、1450℃和 1500℃，保温时间 2h。

5.2.3 表征

烧后试样的结构性能用 Philips X'Pert-MPD 型 X 射线衍射仪进行表征，采用 Cu 靶 $K_{\alpha 1}$（$\lambda = 0.15406$nm）作为衍射源，管电压 40kV，管电流 100mA，扫描范围 $2\theta = 20° \sim 50°$。结晶相通过与国际衍射数据中心（ICDD）相比较来进行辨别。通过 X 射线衍射图中提供数据，用 X'Pert Plus 软件计算结晶相的晶格常数和晶胞体积变化，间接反映结晶相结构缺陷形式和数量，通过对烧后试样相对结晶度的计算与分析反映烧后试样中玻璃相的变化趋势。烧后试样的形貌特征用扫描电子显微镜（JSM6480 LV，日本）观察，主要测试条件：加速电压为 20.0kV，放大倍数为 5000 倍。

5.2.4　Er₂O₃ 对合成 CaTiO₃/CaAl₁₂O₁₉ 系耐火材料的影响

5.2.4.1　Er₂O₃ 对 CT/CA₆ 材料结晶相组成的影响

图 5.3 为经 1400℃、1450℃ 和 1500℃ 煅烧后 0 号、E1~E5 试样的 XRD 图。从图中主要结晶相组成可以看出，不同温度煅烧后试样主要包括钙钛矿（ICDD22-0153）、六铝酸钙（ICDD38-0470）和二铝酸钙相（ICDD23-1037）。试验制备的 CT/CA₆ 材料中钙钛矿为正交晶型钙钛矿，而钙钛矿理想晶型为立方晶型，分析认为高温固相反应烧结作用是立方晶型钙钛矿形成高温变体的主要原因。从图中 1400℃ 烧后试样六铝酸钙相衍射峰强度变化可以看出，随着氧化铒加入量增大，六铝酸钙相衍射峰强度呈减弱趋势，钙钛矿相衍射峰逐渐尖锐，过渡相二铝酸钙相衍射峰强度变化不大。随着煅烧温度的升高，当煅烧温度为 1450℃ 和 1500℃ 时，合成产物中钙钛矿和六铝酸钙相的衍射峰变得更为尖锐，分析认为升高煅烧温度致使系统中热缺陷浓度增大，离子交换速度加快，固相反应生成钙钛矿和六铝酸钙相量增大。与煅烧温度为 1400℃ 相类似，六铝酸钙相衍射峰强度随氧化铒加入量增大而逐渐减弱。综合对比不同氧化铒含量的各烧后试样相组成，氧化铒对各烧后配方试样的相组成及各相衍射峰强度影响较小，同时各配方烧后试样 XRD 图谱中没有检测到含 Er 氧化物的衍射峰，这表明 Er 已经进入结晶相的晶格中形成固溶体，或者高度分散在固溶体中未被 XRD 检测到。为进一步分析 Er 掺杂对 CT/CA₆ 材料中

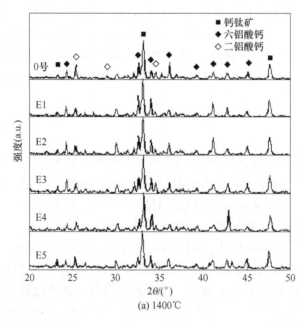

(a) 1400℃

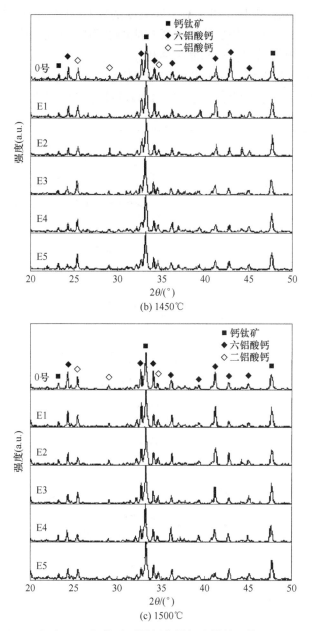

图 5.3　1400℃、1450℃和 1500℃烧后不同氧化铒加入量的 0 号、E1~E5 试样 XRD 图谱

结晶相组成的影响，试验计算和分析了合成材料中主要结晶相钙钛矿和六铝酸钙的晶胞常数和晶胞体积变化。合成产物中钙钛矿和六铝酸钙分属正交和六方晶系，Pnma 和 P6₃/mmc 空间群，晶面间距 d、晶面指数（hkl）与晶胞参数符合如 $h^2/a^2+k^2/b^2+l^2/c^2=1/d_{hkl}^2$ 和 $4/3 \cdot (h^2+hk+k^2)/a^2+l^2/c^2=1/d_{hkl}^2$ 关系式。利

用 XRD 衍射配套软件 X'Pert Plus 对不同温度烧后 CT/CA_6 材料中结晶相衍射峰进行分析拟合,结合不同特征峰晶面所对应的晶面间距值,计算合成产物中钙钛矿和六铝酸钙相的晶胞参数和晶胞体积。

图 5.4 所示为 1400℃、1450℃ 和 1500℃ 烧后 CT/CA_6 材料中结晶相钙钛矿和六铝酸钙相晶胞参数与晶胞体积随氧化铒加入量增大的变化趋势图。

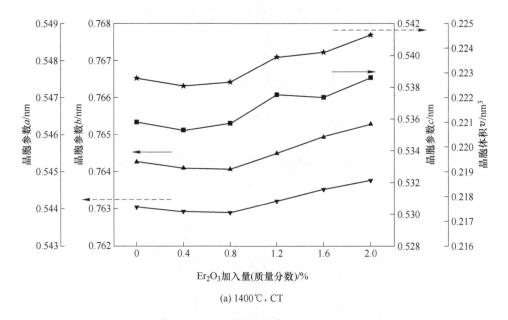

(a) 1400℃,CT

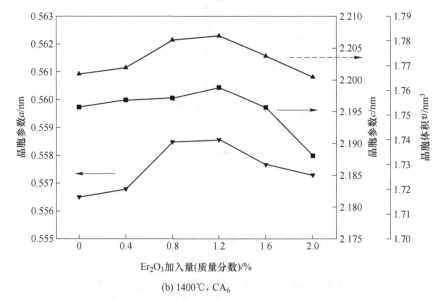

(b) 1400℃,CA_6

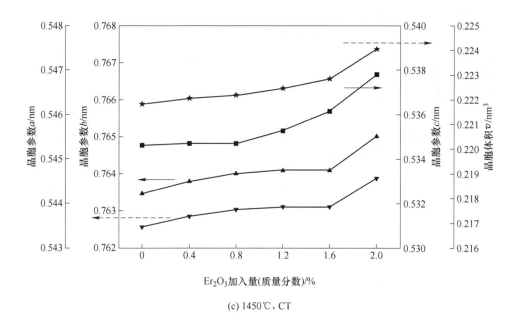

(c) 1450℃，CT

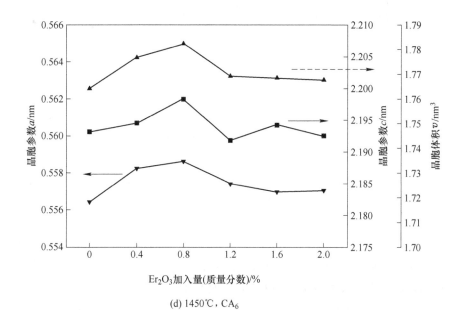

(d) 1450℃，CA₆

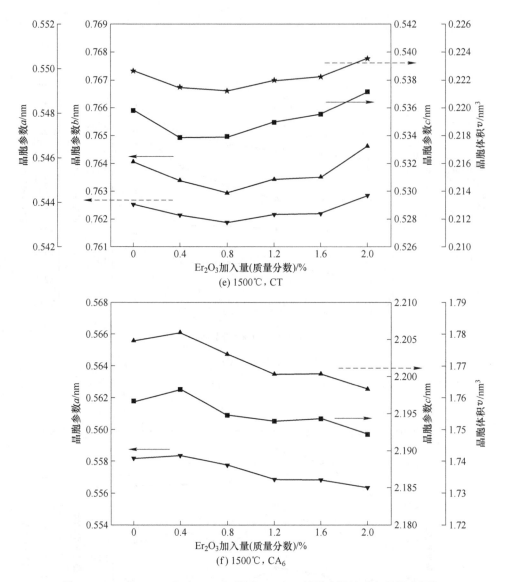

图 5.4   1400℃ 、1450℃ 和 1500℃ 烧后 CT/CA₆ 材料中钙钛矿和六铝酸钙相
晶胞参数和晶胞体积随氧化铒加入量的变化趋势图

在 CT/CA₆ 材料中 Ca^{2+}、Al^{3+} 和 Ti^{4+} 半径分别为 0.100nm、0.051nm 和 0.068nm，而 Er^{3+} 半径为 0.089nm，因此相对于形成间隙固溶体对于掺杂离子半径的要求，半径较大的 Er^{3+} 在 CT/CA₆ 材料的结晶相中更易于形成置换固溶。比较 CT/CA₆ 材料中各离子半径与 Er^{3+} 半径之间的关系，Er^{3+} 更接近于 Ca^{2+} 半径，根据二者半径大小计算，氧化铒可以在钙钛矿和六铝酸钙中形成有限置换固溶，

5.2 添加剂对 CaO-Al$_2$O$_3$-TiO$_2$耐火材料的影响

其中在钙钛矿中的缺陷反应方程式为 $Er_2O_3 \xrightarrow{CaO \cdot TiO_2} 2Er^{\cdot}_{Ca} + V''_{Ca} + 3O_O$ 和 Er_2O_3 $\xrightarrow{CaO \cdot TiO_2} 2Er^{\cdot}_{Ca} + O''_i + 2O_O$。式中可以看出，$Er^{3+}$ 置换 Ca^{2+} 的过程中，在原钙钛矿正常晶格位置处会出现 $Er^{\cdot}_{Ca}$ 和 V''_{Ca}，晶格间隙位置会出现 O''_i。钙钛矿结构中出现 $Er^{\cdot}_{Ca}$ 和 V''_{Ca} 均会导致钙钛矿晶胞参数和晶胞体积变小，虽然晶格间隙中形成 O''_i 会增大钙钛矿晶胞体积，但由于氧化铒加入量较少，形成间隙 O''_i 的可能性较小。

如果 Er^{3+} 置换钙钛矿中 Ca^{2+}，那么随着氧化铒加入量增大，钙钛矿晶胞参数和晶胞体积应逐渐减小，然而从图 5.4 所示 1400℃和 1450℃烧后试样中钙钛矿晶胞参数与晶胞体积与氧化铒加入量关系发现，随着氧化铒加入量增大，钙钛矿晶胞参数和晶胞体积却出现增大趋势。分析认为，由于钙钛矿结构中 Ca^{2+} 半径较大，Ca^{2+} 和 O^{2-} 起到钙钛矿密堆体的骨架作用，同时 Ca^{2+} 配位数较大，[CaO_{12}] 形成配位十四面体，因此 Er^{3+} 对 Ca^{2+} 的置换能量不足。在钙钛矿结构中，虽然 Ti^{4+} 半径与 Er^{3+} 半径差距较大，但半径关系 $(r_{Er^{3+}} - r_{Ti^{4+}})/r_{Ti^{4+}}$ 接近 30%，有形成有限置换固溶的可能。根据缺陷反应 $Er_2O_3 \xrightarrow{CaO \cdot TiO_2} 2Er'_{Ti} + V^{\cdot\cdot}_O + 3O_O$ 和 $2Er_2O_3$ $\xrightarrow{CaO \cdot TiO_2} 3Er'_{Ti} + Er^{\cdot\cdot\cdot}_i + 6O_O$，半径较大的 Er^{3+} 置换 Ti^{4+} 所形成 Er'_{Ti} 和晶格间隙中出现的 $Er^{\cdot\cdot\cdot}_i$ 均会使钙钛矿晶胞参数和晶胞体积变大。随着煅烧温度的升高，经 1500℃烧后的 CT/CA$_6$ 材料中钙钛矿的晶胞参数和晶胞体积随着氧化铒加入量的增大出现了先减小后增大的趋势。分析认为，升高煅烧温度为 Er^{3+} 置换钙钛矿中 Ca^{2+} 提供了能量，在原钙钛矿正常晶格位置处出现的 $Er^{\cdot}_{Ca}$ 和 V''_{Ca} 导致钙钛矿晶胞参数和晶胞体积随氧化铒加入量增大而变小，随着反应的逐步深入，间隙 O''_i 以及 Er'_{Ti} 的出现改变了钙钛矿晶胞参数和晶胞体积的变化趋势。

对于烧后 CT/CA$_6$ 材料中六铝酸钙的置换固溶作用，分析认为在较低的煅烧温度条件下，Er^{3+} 直接置换六铝酸钙中的 Ca^{2+} 的可能性较小，部分置换 Al^{3+} 可能性较大，Er^{3+} 置换 Al^{3+} 的缺陷反应方程为 $Er_2O_3 \xrightarrow{CaO \cdot 6Al_2O_3} 2Er_{Al} + 3O_O$。根据二者半径大小关系，置换过程伴随有较大的体积变化，六铝酸钙晶胞参数和晶胞体积随着氧化铒加入量增大而增大。从图 5.4 中 1400℃和 1450℃烧后材料中六铝酸钙的晶胞参数变化趋势可以看出，少量氧化铒的加入致使六铝酸钙晶胞参数增大。然而随着六铝酸钙结构中 Er 掺杂的进一步增多，六铝酸钙的晶格能逐渐增大，Er^{3+} 置换 Ca^{2+} 的能力增强，随着置换作用的不断进行，六铝酸钙晶胞参数和晶胞体积呈逐渐减小趋势。从 1500℃烧后材料中六铝酸钙晶胞参数的变化趋势可以看出，升高煅烧温度为 Er^{3+} 置换 Ca^{2+} 提供了能量条件，因此当氧化铒加入量（质量分数）大于 0.4% 时，随着氧化铒加入量增大，六铝酸钙晶胞参数和晶胞体积表现出较强的减小趋势，升高煅烧所产生的热缺陷以及 Er 掺杂所产生的结构缺陷使导致六铝酸钙晶胞参数和晶胞体积较小的主要原因。对比以上烧后 CT/

CA₆ 材料中钙钛矿和六铝酸钙晶胞参数和晶胞体积的变化规律，分析氧化铒对合成材料中结晶相组成的影响认为，氧化铒更易于进入钙钛矿的晶体结构，起到了活化钙钛矿晶格的作用，致使钙钛矿结晶相的晶体特征明显。

5.2.4.2　Er₂O₃ 对 CT/CA₆ 材料显微结构的影响

图 5.5 所示为 1400℃ 烧后的 E1 试样、1450℃ 和 1500℃ 烧后的 E3 试样和 1500℃ 烧后的 E5 试样断面 SEM 显微结构照片。

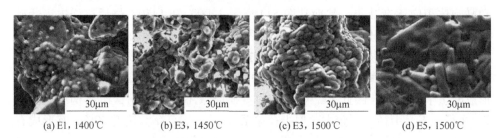

(a) E1, 1400℃　　(b) E3, 1450℃　　(c) E3, 1500℃　　(d) E5, 1500℃

图 5.5　1400℃ 烧后的 E1 试样、1450℃ 和 1500℃ 烧后的 E3
试样和 1500℃ 烧后的 E5 试样 SEM 照片

从图 5.5 中 1400℃ 烧后的 E1 试样显微结构可以看出，加入质量分数为 0.4% 氧化铒试样的微观结构中出现了局部烧结现象，但整体结构致密性相对较差，结晶相结构特征不明显，玻璃相包裹晶粒表面。随着煅烧温度的升高以及氧化铒加入量的增大，当煅烧温度为 1450℃、氧化铒加入量（质量分数）为 1.2% 时，E3 试样显微结构明显较为致密，晶粒发育大小均匀，晶粒大小约几微米，结构中出现的少量液相有利于结晶相的晶粒发育。对比相同氧化铒加入量的 E3 配方试样在 1450℃ 和 1500℃ 烧后的显微结构，可以看出经 1500℃ 烧后的试样显微结构中结晶相堆积更为紧凑，晶粒更为均匀，高温条件下固相反应充分。然而随着氧化铒加入量的继续增大，当氧化铒加入量（质量分数）为 2% 时，从 E5 试样 1500℃ 烧后的显微结构可以看出虽然材料结构致密性良好，但结构中液相数量较大，晶粒出现异常长大现象，结晶相被液相重重包裹。分析认为在高温条件下加入添加剂可以有效控制液相数量，适量液相可以加快离子交换，促进固相反应进行，有利于结晶相晶粒长大，然而过量引入添加剂会导致结晶相缺陷数量过大，结构中液相过多影响结晶相组成结构和性质。为分析煅烧温度以及添加剂加入量对 CT/CA₆ 材料中液相数量的影响，试验对烧后试样的相对结晶度进行了计算，计算结果如图 5.6 所示。

从图 5.6 中 1400℃、1450℃ 和 1500℃ 烧后不同氧化铒加入量的 CT/CA₆ 材料相对结晶度的变化趋势可以看出，经 1400℃ 烧后试样的相对结晶度随氧化铒加入量增大而逐渐降低，说明高温条件下氧化铒添加剂会致使材料中液相增多，高温液相随烧后试样冷却形成玻璃相使得材料的相对结晶度降低。当煅烧

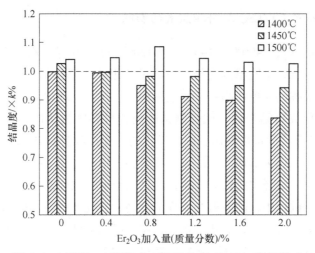

图 5.6 1400℃、1450℃和 1500℃烧后 CT/CA$_6$ 材料相对
结晶度随氧化铒加入量的变化趋势图

温度为 1450℃时，除未加入氧化铒的 0 号试样结晶度有所升高之外，其余各配方烧后试样的相对结晶度均随氧化铒加入量增大而降低，但普遍高于 1400℃烧后试样相对结晶度。分析认为随着煅烧温度的升高，高温液相黏度降低，更有利于加快离子交换。加之 Er 掺杂在合成产物结构中所形成的结构缺陷对反应物的固相反应更为有利。从图 5.6 中 1500℃烧后试样的相对结晶度变化趋势可以看出，加入氧化铒的五组配方试样的相对结晶度均大于未加入氧化铒的配方试样，并且随着氧化铒加入量增大，表现为先增大后减小趋势，说明通过控制氧化铒加入量以及煅烧温度可以实现对 CT/CA$_6$ 材料中液相量的控制，进而改善材料的结晶性能。

研究表明：以铁合金厂铝钛渣为主要原料，不同温度煅烧制备 CT/CA$_6$ 材料，研究发现通过改变煅烧温度和添加剂氧化铒用量可以控制合成材料中结晶相的热缺陷和结构缺陷数量，随着煅烧温度升高以及氧化铒加入量增大，合成材料中钙钛矿和六铝酸钙晶胞参数和晶胞体积出现规律性变化。氧化铒更易于进入钙钛矿的晶体结构，起到了活化晶格的作用，随着氧化铒加入量增大，烧后 CT/CA$_6$ 材料中六铝酸钙相衍射峰强度呈减弱趋势。经 1500℃烧后加入适量氧化铒的 CT/CA$_6$ 材料相对结晶度较高，微观结构中结晶相的结晶性能较好。

5.2.5 ZrO$_2$ 对 CT/CA$_6$ 材料组成结构的影响

钙钛矿/六铝酸钙由于其特殊的晶体结构和多变的化学组成及表面特征，近年来在高温催化、陶瓷固化基材等领域已显示出较强的应用前景和很高的潜在应用价值。

5.2.5.1 ZrO₂ 对 CT/CA₆ 材料相组成的影响

图 5.7 所示为经 1400℃、1450℃ 和 1500℃ 烧后 0 号、Z1～Z5 试样的 XRD 图。图中可以看出，不同温度煅烧后试样的相组成主要包括正交晶型的钙钛矿、六方晶型的六铝酸钙和单斜晶系二铝酸钙相。钙钛矿的理想晶型为立方晶型，经高温处理后易形成高温变体，试验制备的复相材料中钙钛矿为正交晶型。从图 5.7 中物相特征峰强度可以看出，固相反应的主要产物钙钛矿和六铝酸钙相的特征峰较为明显，而作为形成六铝酸钙的过渡相二铝酸钙相形成量相对较少。对比不同煅烧温度烧后试样中钙钛矿、六铝酸钙的衍射峰强度变化情况，发现相同氧化锆含量的烧后试样中，随着煅烧温度的升高，合成产物钙钛矿和六铝酸钙相的衍射峰变得更为尖锐，而过渡相二铝酸钙相衍射峰强度有逐渐增大趋势。研究表明，煅烧温度升高导致反应物中热缺陷数量的增多，离子交换速度加快，高温固相反应生成钙钛矿和六铝酸钙相量增大。对比相同煅烧温度而不同氧化锆含量的各烧后试样相组成，发现氧化锆对各烧后配方试样的相组成及各相衍射峰强度影响较小，同时在各配方试样的相组成中未出现与锆元素相关的物相，推断氧化锆极有可能已经进入合成产物的晶胞内部，并与合成产物形成部分置换或间隙固溶。为进一步分析氧化锆对合成材料组成和结构的影响，试验对合成产物钙钛矿和六铝酸钙的晶格常数和晶胞体积进行计算。

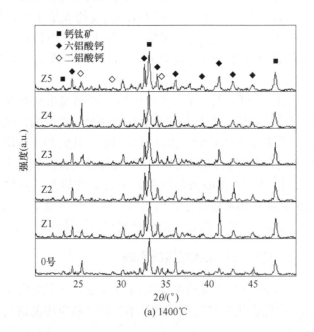

(a) 1400℃

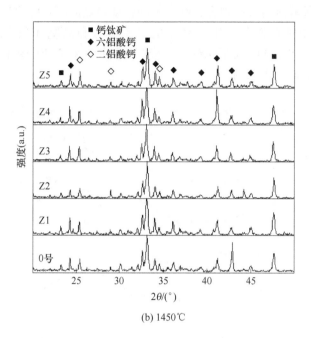

(b) 1450℃

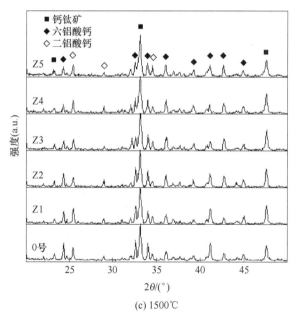

(c) 1500℃

图 5.7　不同温度煅烧后 0 号、Z1~Z5 配方试样 XRD 图

试验制备的合成产物中钙钛矿和六铝酸钙分属正交和六方晶系，Pnma 和
P6₃/mmc 空间群。试验利用 X'Pert Plus 软件对各烧后试样 XRD 图谱中不同衍射

角度所对应特征峰进行分析拟合，结合不同特征峰晶面所对应的晶面间距 d_{hkl} 值，计算合成产物中钙钛矿和六铝酸钙相的晶胞参数和晶胞体积。图 5.8 所示为 1400℃、1450℃和1500℃烧后试样中合成产物钙钛矿和六铝酸钙相的晶胞参数与氧化锆加入量之间的关系图。

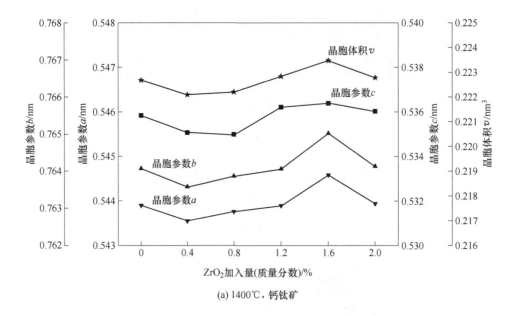

(a) 1400℃，钙钛矿

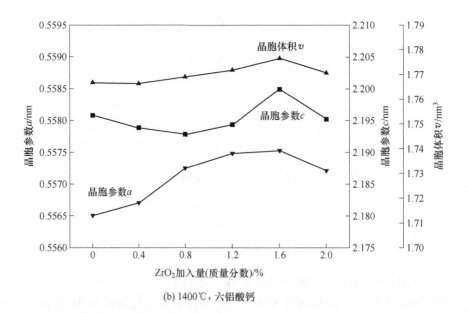

(b) 1400℃，六铝酸钙

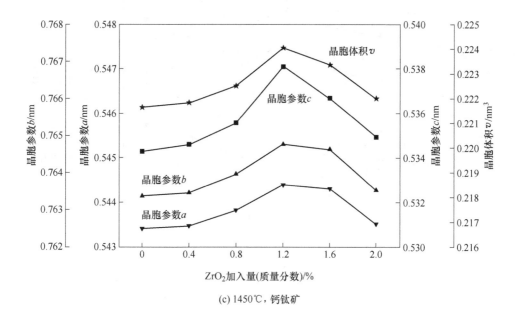

(c) 1450℃，钙钛矿

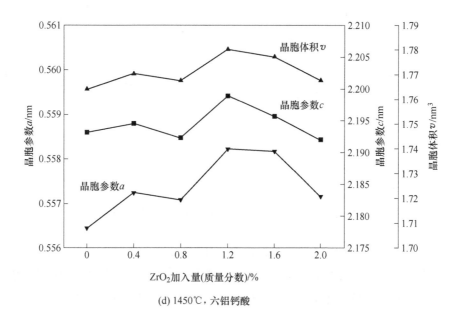

(d) 1450℃，六铝钙酸

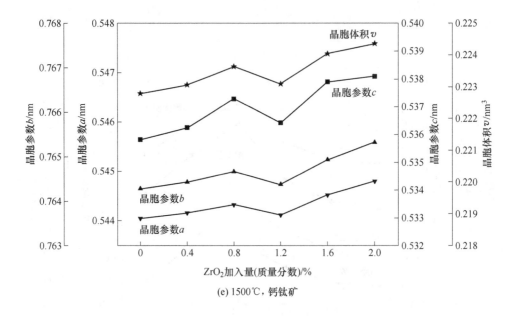

(e) 1500℃，钙钛矿

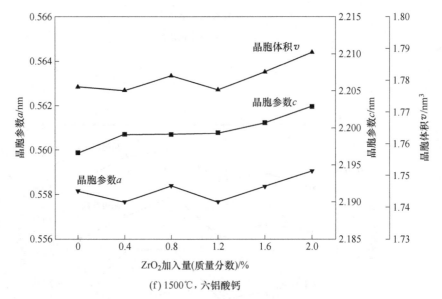

(f) 1500℃，六铝酸钙

图5.8　氧化锆对不同温度煅烧后试样中钙钛矿和六铝酸钙相晶胞参数的影响

在 TiO$_2$-CaO-Al$_2$O$_3$ 系统中 Ca^{2+}、Al^{3+} 和 Ti^{4+} 半径分别为 0.100nm、0.051nm 和 0.068nm，而 Zr^{4+} 半径为 0.072nm，接近于 Al^{3+} 和 Ti^{4+} 半径，因此 Zr^{4+} 更易于置换合成产物钙钛矿中的 Ti^{4+} 和六铝酸钙中的 Al^{3+}。钙钛矿中 Ti^{4+} 配位数为 4，占据四面体间隙，而六铝酸钙中 1/3 的 Al^{3+} 配位数为 4，2/3 的 Al^{3+} 配位数为 6，占据

八面体间隙。缺陷反应中，Zr^{4+}会置换钙钛矿中正常位置的 Ti^{4+}导致晶格畸变或形成间隙 Zr$_i^{****}$ 和空位 V$_{Ti}^{''''}$，其中 Zr^{4+}半径大于 Ti^{4+}半径，在形成置换固溶过程中会导致钙钛矿晶胞参数和晶胞体积增大，同时在形成间隙固溶过程中 Zr^{4+}在钙钛矿结构间隙中的 Zr$_i^{****}$ 也会致使钙钛矿晶胞参数和晶胞体积增大。从图 5.8 中 1500℃烧后试样中钙钛矿的晶胞参数和晶胞体积的变化趋势可以看出，钙钛矿晶胞参数和晶胞体积是随着氧化锆加入量增大呈整体性逐渐增大。当煅烧温度为 1400℃和 1450℃时，合成产物钙钛矿的晶胞参数和晶胞体积呈现先增大后减小的趋势。煅烧温度为 1400℃时，钙钛矿晶胞参数和晶胞体积在氧化锆加入量（质量分数）为 1.6%时出现最大值；煅烧温度为 1450℃时，钙钛矿晶胞参数和晶胞体积在氧化锆加入量（质量分数）为 1.2%时出现最大值。研究认为煅烧温度低、氧化锆加入量高是导致钙钛矿晶胞参数和晶胞体积减小的主要原因，在较低煅烧温度条件下，随着氧化锆加入量增大，空位 V$_{Ti}^{''''}$浓度增大引起钙钛矿晶胞参数和晶胞体积减小。

$$ZrO_2 \xrightarrow{CaO \cdot TiO_2} Zr_{Ti} + 2O_O$$

$$ZrO_2 \xrightarrow{CaO \cdot TiO_2} Zr_i^{****} + V_{Ti}^{''''} + 2O_O$$

对于合成产物六铝酸钙的置换固溶作用，认为 Zr^{4+}置换合成产物六铝酸钙中的 Al^{3+}的缺陷反应方程为下式所示。根据 Zr^{4+}和 Al^{3+}半径大小关系，Zr^{4+}置换 Al^{3+}所形成 Zr$_{Al}^{\cdot}$和间隙 O$_i''$会导致六铝酸钙晶胞参数和晶胞体积的增大，从图 5.8 中 1450℃和 1500℃烧后试样中六铝酸钙相的晶胞参数和晶胞体积的变化趋势可以看出，随着氧化锆加入量逐渐增大，六铝酸钙相晶胞参数和晶胞体积呈整体增大趋势，经 1450℃烧后试样中六铝酸钙相的晶胞参数和晶胞体积在氧化锆加入量（质量分数）为 1.2%时出现最高值。分析认为六铝酸钙结构中缺陷形式的改变是导致其晶胞参数和晶胞体积出现明显拐点的主要原因，随着氧化锆加入量增大，六铝酸钙结构中除了存在 Zr$_{Al}^{\cdot}$和间隙 O$_i''$缺陷以外，出现 V$_{Al}^{'''}$空位可能性增大。从图 5.8 中 1400℃烧后试样中六铝酸钙晶胞参数 a 和 c 的变化趋势看出，晶胞参数 a 和 c 的变化趋势明显存在较大差异，分析认为这与六方晶系六铝酸钙相的各向异性有直接关系。

$$2ZrO_2 \xrightarrow{CaO \cdot 6Al_2O_3} 2Zr_{Al}^{\cdot} + 3O_O + O_i''$$

$$3ZrO_2 \xrightarrow{CaO \cdot 6Al_2O_3} 3Zr_{Al}^{\cdot} + 6O_O + V_{Al}^{'''}$$

结合以上不同煅烧温度及不同氧化锆加入量的配方试样中钙钛矿和六铝酸钙相的晶胞参数和晶胞体积的变化趋势分析，氧化锆中 Zr^{4+}已经进入了钙钛矿和六铝酸钙晶胞中，致使晶胞参数和晶胞体积发生了不同程度的变化。以铁合金厂铝钛渣为原料，通过固相反应烧结方法可以制备出以钙钛矿和六铝酸钙为主晶相的复相材料，由于煅烧温度因素以及添加氧化锆的因素使得合成产物晶体结构中出现了不同程度的结构缺陷。为更好地分析结构缺陷对合成材料结构显微结构影响，试验利用 SEM 分析法对烧后试样断面显微结构进行了对比分析，并对合成材料的相对结晶度进行计算，间接反映合成复相材料微观结构中液相的生成形式和数量。

5.2.5.2 ZrO$_2$ 对钙钛矿/六铝酸钙复相材料显微结构的影响

图 5.9 为 1400℃烧后的 0 号试样、1450℃烧后的 Z2 试样和 1500℃烧后的 Z4 试样放大 500 倍和 5000 倍 SEM 显微结构图。

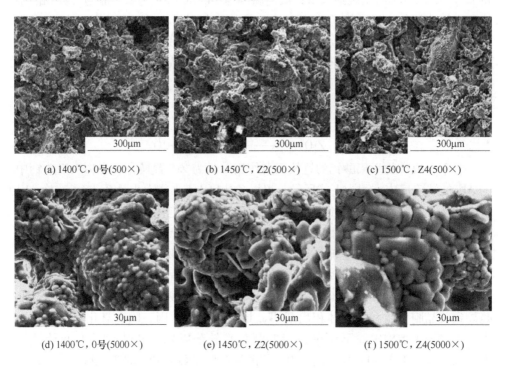

(a) 1400℃, 0号(500×)   (b) 1450℃, Z2(500×)   (c) 1500℃, Z4(500×)

(d) 1400℃, 0号(5000×)   (e) 1450℃, Z2(5000×)   (f) 1500℃, Z4(5000×)

图 5.9   1400℃烧后的 0 号试样、1450℃烧后的 Z2 试样和 1500℃
烧后的 Z4 试样放大 500 倍和 5000 倍 SEM 显微结构图

从图 5.9 中 1400℃烧后的 0 号试样放大 500 倍的断面显微结构可以看出，0 号试样微观结构所呈现出来的更多是原料显微结构的假象，而通过放大 5000 倍的 0 号试样显微结构可以看到合成产物晶粒的具体形貌，合成产物结晶相伴生出现，晶粒大小约几微米，微观结构中出现了少量玻璃相。随着煅烧温度的升高以及氧化锆加入量增大，经 1450℃烧后氧化锆加入量为 0.8% 的 Z2 试样显微结构看出，放大 5000 倍的显微结构中出现了较为明显的六铝酸钙六方结构，六方结构镶嵌在合成产物晶体结构中，形成了较为明显钙钛矿/六铝酸钙复相结构。同时结晶相表面出现较为明显的玻璃相间接反映了固相反应过程中高温液相的存在，在高温条件下所形成的液相加快了离子交换速度，热缺陷数量增大以及由于氧化锆引入所形成的结构缺陷增多均提高了结晶相结构的晶格能，促进了结晶相的长大。当煅烧温度为 1500℃时，加入质量分数为 1.6%氧化锆的 Z4 烧后试样显微结构（500×）中虽然已经出现了较为明显的结构间隙，但从放大 5000 倍的烧后试样显微结构中却明显看到了结晶更为完整的结晶相，试样微观结构中出现了独特的局部烧结现象，常温状态表现为玻璃相包裹在结晶体表面，高温状态表现为液相吸附在结晶相缺陷较多的表面，为结晶相晶体长大提供了一定的条件。

固相反应过程中，液相起到了至关重要的作用，液相形式和数量直接影响固相反应的速度和程度。试验利用 X'Pert Plus 软件将 1400℃烧后的 0 号配方试样的结晶度标定为 $k\%$，对不同煅烧温度和不同氧化锆加入量的烧后试样相对结晶度进行计算，间接反映各烧后试样微观结构中液相的生成数量。各烧后试样的相对结晶度的变化趋势如图 5.10 所示。

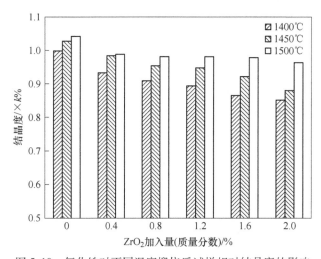

图 5.10 氧化锆对不同温度煅烧后试样相对结晶度的影响

从图 5.10 中氧化锆对不同温度煅烧后试样相对结晶度的影响趋势可以看出，经 1400℃烧后试样的相对结晶度随氧化锆加入量增大而逐渐降低。对比相同氧化锆加入量的各组配方、不同煅烧温度烧后的试样相对结晶度，说明升高煅烧温度有利于提高烧后试样相对结晶度。经 1450℃和 1500℃烧后的各配方试样相对结晶度虽然随着氧化锆加入量增大而逐渐降低，但降低趋势随着煅烧温度升高而逐渐减缓。

试验以铁合金厂含铝废渣为主要原料，通过高温固相反应烧结法合成制备了钙钛矿/六铝酸钙复相材料。随着氧化锆加入量的增大以及煅烧温度的升高，合成产物中钙钛矿和六铝酸钙结构中的热缺陷和结构缺陷数量增大，经1500℃煅烧后的合成材料中钙钛矿和六铝酸钙晶胞参数和晶胞体积随氧化锆加入量增大而逐渐增大，经1400℃和1450℃烧后的合成材料中钙钛矿和六铝酸钙的结构缺陷形式发生改变。虽然试验配料中加入氧化锆添加剂会导致合成产物中液相量增大、烧后试样结晶度降低，但却有利于合成产物中结晶相的长大，并且随着煅烧温度的升高，氧化锆对烧后合成材料试样结晶度的影响逐渐减弱。

参 考 文 献

[1] 罗旭东, 曲殿利, 谢志鹏. La^{3+}、Ce^{4+} 对制备堇青石材料晶相转变及烧结性能的影响 [J]. 中国稀土学报, 2013, 31 (2): 203-210.

[2] 于岙, 罗旭东. TiO_2 对氧化镁陶瓷烧结性能及抗热震性能的影响 [J]. 稀有金属材料与工程, 2018, 47 (S1): 263-268.

[3] 罗旭东, 谢志鹏, 张国栋, 等. Y_2O_3 对红柱石增强莫来石陶瓷性能影响 [J]. 稀有金属材料与工程, 2015, 44 (S1): 291-294.

[4] 李美葶, 罗旭东, 张国栋, 等. Al_2O_3-SiC 耐火浇注料耐碱机理研究 [J]. 稀有金属材料与工程, 2015, 44 (S1): 454-458.

[5] 罗旭东, 曲殿利, 张国栋. 氧化镧对菱镁矿风化石制备镁铝尖晶石材料组成结构的影响 [J]. 稀土, 2012, 33 (4): 59-63.

[6] 王闯, 罗旭东, 曲殿利, 等. 低品位菱镁矿与硅石制备镁橄榄石的研究 [J]. 无机盐工业, 2012, 44 (9): 48-50.

[7] 罗旭东, 张国栋, 刘海啸, 等. 自结合多孔六铝酸钙合成方法研究 [J]. 无机盐工业, 2010, 42 (10): 25-26.

[8] 李美葶, 罗旭东, 张国栋, 等. 发泡法和溶胶-凝胶法制备镁质多孔材料的结构及性能研究 [J]. 无机盐工业, 2017, 49 (1): 19-21, 55.

[9] 范春红, 罗旭东, 杜文飞. 锆英石对固相反应制备钛酸铝材料性能的影响 [J]. 无机盐工业, 2013, 45 (9): 48-51.

[10] 罗旭东, 曲殿利, 张国栋, 等. 菱镁矿风化石与叶腊石合成堇青石的结构表征 [J]. 无机化学学报, 2011, 27 (3): 434-438.

[11] 杨孟孟, 罗旭东, 谢志鹏. SiC 晶须加入量对 ZrO_2-莫来石陶瓷力学性能及抗热震性能的影响 [J]. 陶瓷学报, 2017, 38 (3): 361-365.

[12] 彭子均, 安迪, 罗旭东, 等. ZrO_2 纤维加入量对莫来石-10%vol.SiC 晶须复合材料力学性能和抗热震稳定性的影响 [J]. 陶瓷学报, 2017, 38 (5): 706-710.

[13] 于岙, 罗旭东, 张国栋, 等. La_2O_3 对氧化镁陶瓷烧结性能与抗热震性能的影响 [J]. 人工晶体学报, 2016, 45 (9): 2251-2256.

[14] 彭晓文, 郭玉香, 罗旭东, 等. 低温耦合固相氮化反应合成 β-Sialon [J]. 人工晶体学报, 2015, 44 (1): 115-121.

[15] 罗旭东, 张国栋, 曲殿利, 等. 铝钛渣固相反应合成六铝酸钙的研究 [J]. 人工晶体学报, 2013, 42 (5): 981-984.

[16] 罗旭东, 谢志鹏, 陈丹平, 等. 碳化硅对莫来石质浇注料耐碱性能的影响 [J]. 人工晶体学报, 2015, 44 (12): 3759-3764.

[17] 罗旭东, 曲殿利, 谢志鹏, 等. 氧化镧对固相反应合成六铝酸钙材料的影响 [J]. 人工晶体学报, 2013, 42 (12): 2669-2674.

[18] 李和祯, 李志坚, 罗旭东, 等. La_2O_3 对莫来石陶瓷微观组织结构的影响 [J]. 人工晶体学报, 2016, 45 (1): 205-210.

[19] 冯东，罗旭东，张国栋，等 . SiO$_2$ 对 MgO 陶瓷烧结性能影响 [J]. 人工晶体学报，
2016，45（9）：2306-2310.

[20] 安迪，罗旭东，谢志鹏，等 . CeO$_2$ 对 CaTiO$_3$ 陶瓷烧结性能以及微观结构的影响 [J]. 人
工晶体学报，2017，46（3）：480-485.

[21] M. Yu，X. Luo，G. Zhang，et al. Effect of Al$_2$O$_3$ on sintering properties and thermal shock
properties of MgO ceramic [J]. 人工晶体学报，2017，46（3）：507-513.

[22] L. Xudong，Q. Dianli，X. Zhipeng，et al. Effect of Cr$_2$O$_3$ and sintering temperature on the prop-
erty of Aluminum Titanate prepared with Alumina-Titania slag [J]. 人工晶体学报，2015，
44（3）：756-763.

[23] 张玲利，罗旭东，张国栋，等 . 尖晶石对凝胶结合氧化铝空心球浇注料性能的影响
[J]. 耐火与石灰，2011，36（3）：8-10，12.

[24] 张玲利，罗旭东，张国栋，等 . 氧化镁对凝胶结合氧化铝空心球浇注料性能的影响
[J]. 耐火与石灰，2011，36（2）：18-20，23.

[25] 杨孟孟，罗旭东 . 气相二氧化硅对纤维块体保温性能的影响 [J]. 耐火与石灰，2017，
42（2）：59-63.

[26] 马宁，罗旭东，张国栋，等 . 碳化硅对低水泥结合氧化铝空心球浇注料性能的影响
[J]. 耐火与石灰，2011，36（6）：13-16.

[27] 侯庆冬，罗旭东 . 纳米莫来石结合耐火浇注料的高温应用研究 [J]. 耐火与石灰，
2017，42（1）：28-34.

[28] 侯庆冬，罗旭东 . 纳米晶莫来石粉体的高压致密化研究 [J]. 耐火与石灰，2018，43
（3）：59-62.

[29] 侯庆冬，罗旭东 . 硝酸盐前驱体原位新生氧化镁和氧化铝对反应烧结镁铝尖晶石的影响
[J]. 耐火与石灰，2017，42（3）：49-56.

[30] 侯庆冬，罗旭东 . ZrO$_2$ 对商用氧化物制备镁铝尖晶石的影响 [J]. 耐火与石灰，2017，
42（4）：52-57，62.

[31] 陈娜，罗旭东 . 陶瓷膜除垢（清洁）——空气纳米气泡法 [J]. 耐火与石灰，2017，42
（1）：35-37.

[32] 安迪，罗旭东，刘鹏程，等 . Er$_2$O$_3$ 掺杂及煅烧温度对 CaTiO$_3$ 陶瓷结构的影响 [J]. 耐
火材料，2018，52（1）：1-5.

[33] 罗旭东，曲殿利，张国栋，等 . 氧化铬对铝型材厂碱蚀渣制备铝方柱石材料结构的影响
[J]. 矿物学报，2012，32（1）：146-150.

[34] 杨孟孟，罗旭东，安迪，等 . 碳纤维添加量对 MgO-ZrO$_2$ 陶瓷热震性能和烧结性能的影
响 [J]. 机械工程学报，2018，42（4）：58-61.

[35] 彭子钧，罗旭东，于忠，等 . Al$_2$O$_3$ 和 TiO$_2$ 添加量对共沉淀法制备 MgO 基陶瓷性能的影
响 [J]. 机械工程学报，2018，42（4）：35-39.

[36] 侯庆冬，罗旭东，谢志鹏，等 . 莫来石溶胶加入量对刚玉质浇注料烧结性能的研究
[J]. 机械工程学报，2018，42（6）：83-86.

[37] 安迪，罗旭东，刘鹏程，等 . Y$_2$O$_3$ 掺杂对 CaTiO$_3$ 陶瓷烧结性能和微观结构的影响 [J].

机械工程学报，2018，42（4）：53-57.

[38] 罗旭东，谢志鹏. Mg^{2+}、La^{3+} 和 Ce^{4+} 对红柱石增强莫来石质陶瓷性能影响 [J]. 硅酸盐学报，2014，32（9）：1121-1126.

[39] 罗旭东，曲殿利，张国栋. 氧化铬对菱镁矿风化石制备堇青石材料的影响 [J]. 硅酸盐通报，2012，31（1）：71-74.

[40] 李美葶，张国栋，罗旭东，等. 镁砂对高铝质可塑料性能影响 [J]. 硅酸盐通报，2015，34（3）：788-792.

[41] 李美葶，张国栋，罗旭东，等. ZrO_2/Al_2O_3 复相陶瓷的制备及性能研究 [J]. 硅酸盐通报，2015，34（4）：1095-1099.

[42] 侯庆冬，罗旭东. 莫来石溶胶制备及高铝耐火材料性能影响 [J]. 硅酸盐通报，2018，37（5）：1662-1666，1674.

[43] 范春红，罗旭东，李晋萱，等. ZrO_2 对钙钛矿/六铝酸钙复相材料组成结构的影响 [J]. 硅酸盐通报，2013，32（8）：1534-1539.

[44] 罗旭东，张国栋，谢志鹏，等. 矾土对 Al_2O_3-SiO_2 质可塑料性能影响 [J]. 非金属矿，2015，38（1）：29-31.

[45] 罗旭东，曲殿利，张国栋，等. 氧化铈对菱镁矿风化石制备镁铝尖晶石材料组成结构的影响 [J]. 非金属矿，2011，34（6）：15-18.

[46] 罗旭东，曲殿利，谢志鹏，等. 氧化铈对六铝酸钙材料性能的影响 [J]. 材料热处理学报，2013，34（12）：24-29.

[47] Pengfei Wang, Xudong Luo, Sai Wei, et al. Dense mullite ceramic sintered by SPS and its behavior under thermal shock [J]. Refractories and Industrial Ceramics, 2018, 59（1）：1-5.

[48] X. Luo, Z. Xie, L. Zheng, et al. Effect of Cr_2O_3/Fe_2O_3 on the property of Aluminum Titanate [J]. Refractories and Industrial Ceramics, 2015, 56（4）：337-343.

[49] M. Li, X. Luo, G. Zhang, et al. Effects of blowing-agent addition on the structure and properties of magnesia porous material [J]. Refractories and Industrial Ceramics, 2017, 58（1）：60-64.

[50] Feng, D., X. Luo, G. Zhang, et al. Effect of Al_2O_3+4SiO_2 additives on sintering behavior and thermal shock resistance of MgO-Based Ceramic [J]. Refractories and Industrial Ceramics, 2016, 57（4）：417-422.

[51] L. Xudong, Q. Dianli, Z. Guodong, et al. Studies on the properties of gel bonding Alumina bubble ball refractory. [J]. Rare Metal Materials and Engineering, 2012, 41（S3）：114-116.

[52] M. Li, N. Zhou, X. Luo, et al. Effects of doping Al_2O_3/2SiO_2 on the structure and properties of magnesium matrix ceramic [J]. Materials Chemistry and Physics, 2016, 175：6-12.

[53] D. Feng, X. Luo, G. Zhang, et al. Effect of molar ratios of MgO/Al_2O_3 on the sintering behavior and thermal shock resistance of MgO-Al_2O_3-SiO_2 composite ceramics [J]. Materials Chemistry and Physics, 2017, 185（1）：1-5.

[54] S. Li, Z. Xie, W. Xue, et al. Sintering of high-performance silicon nitride ceramics under vi-

bratory pressure [J]. Journal of the American Society, 2015, 98 (3): 698-701.

[55] D. An, H. Li, Z. Xie, et al. Additive manufacturing and characterization of complex Al_2O_3 parts based on a novel stereolithography method [J]. International Journal of Applied Ceramic Technology, 2017, 14 (5): 836-844.

[56] M. Yang, X. Luo, J. Yi, et al. A novel way to fabricate fibrous mullite ceramic using sol-gel vacuum impregnation [J]. Ceramics International, 2018, 44 (11): 742-747.

[57] Z. Penguin, X. Luo, Z. Xie, et al. Effect of print path process on sintering behavior and thermal shock resistance of Al_2O_3 ceramics fabricated by 3D inkjet-printing [J]. Ceramics International, 2018, 44 (14): 16766-16772.

[58] M. Li, N. Zhou, X. Luo, et al. MgO macroporous monoliths prepared by sol-gel process with phase separation [J]. Ceramics International, 2016, 42 (14): 16368-16373.

[59] L. Xudong, Q. Dianli, X. Zhipeng, et al. Influence of La_2O_3 on the crystalline structure and property of forsterite [J]. Bulletin of the Chinese Ceramic Society, 2013, 32 (9): 1709-1715.

[60] L. Xudong, Q. Dianli, Z. Guodong, et al. Characterization of Mg-Al spinel synthesized with Alkali corrosion slag from aluminum profile fractory [J]. Applied Mechanics and Materials, 2011, 71-78: 5054-5057.

[61] L. Xudong, Q. Dianli, Z. Guodong, et al. The influence of TiO_2 on synthesizing the structure of the cordierite [J]. Advanced Materials Research, 2011, 233-235: 3027-3031.

[62] L. Xudong, Q. Dianli, Z. Guodong, et al. Structure characterization of Mg-Al spinel synthesized from industrial waste [J]. Advanced Materials Research, 2011, 295-297: 148-151.

[63] 杨蕊, 沈上越, 沈强, 等. 化学共沉淀法制备 $Mg_{0.3}Al_{1.4}Ti_{1.3}O_5$ 复合粉体的反应过程 [J]. 硅酸盐学报, 2005, 33 (6): 736-740.

[64] Y. Shen, Y. Z. Ruan, Y. Yu. Effect of calcining temperature and holding time on the synthesis of Aluminum Titanate [J]. Chinese Journal of Structure Chemical, 2009, 28 (2): 228-234.

[65] 陈捷, 阮玉忠, 沈阳, 等. 利用铝型材厂污泥制备自结合钛酸铝/莫来石复相材料 [J]. 硅酸盐通报, 2009, 28 (4): 692-696.

[66] J. Lan, C. Xiaoyan, H. Guoming, et al. Effect of additives on properties of aluminum titanate ceramics [J]. Transaction of nonferrous matels society of China, 2011, 21 (7): 1574-1579.

[67] S. Benfer, P. Árki, G. Tomandl. Ceramic membranes for filtration applications -preparation and characterization [J]. Advanced Engineering Materials, 2004, 6 (7): 495-500.

[68] D. D. Gulamova, M. K. Sarkisova. Effect of the microstructural features on the stability of aluminum titanate [J]. Refractories and Industrial Ceramics, 1991, 32 (5-6): 215-218.

[69] V. V. Kolomeitsev, S. A. Suvorov, V. N. Makarov, et al. Synthesis, sintering, and properties of aluminum titanate [J]. Refractories and Industrial Ceramics, 1981, 22 (7-8): 446-452.

[70] V. D. Tkachenko, E. S. Lugovskaya, E. P. Garmash, et al. Influence of refractory oxide additives on the stability of aluminium titanate [J]. Refractories and Industrial Ceramics,

1987, 28 (3-4): 206-208.

[71] V. N. Sokov, S. D. Sokova. Heat-resistant corundum concrete reinforced with aluminum oxide fibers synthesized within a matrix during firing. Part 1. Heat resistance of high-temperature materials and means of improvement [J]. Refractories and Industrial Ceramics, 2014, 55 (3): 223-226.

[72] T. Shimada, M. Mizuno, K. Katou, et al. Aluminum titanate-tetragonal zirconia composite with low thermal expansion and high strength simultaneously [J]. Solid State Ionics, 1997, 101-103 (Part 2): 1127-1133.

[73] Y. X. Huang, A. M. R. Senos. Effect of the powder precursor characteristic in the reaction sintering of alumina titanate [J]. Materials Research Bulletin, 2002, 37 (1): 99-111.

[74] C. G. Shi, I. M. Low. Effect of spodumene addtions on the sintering and densification of aluminum titanate [J]. Materials Research Bulletin, 1998, 33 (6): 817-824.

[75] Y. Yang, Y. Wang, W. Tian, et al. In situ porous alumina/aluminum titanate ceramic composite prepared by spark plasma sintering from nanostructured powders [J]. Scripta Materiaia, 2009, 60 (7): 578-581.

[76] I. H. Joe, A. K. Vasudevan, G. Aruldhas, et al. FTIR as a tool to study high-temperature phase formation in sol-gel aluminium titanate [J]. Journal of Solid State Chemistry, 1997, 131 (1): 181-184.

[77] S. Zhu, Y. Shen, J. Wang, et al. Preparation and performance of $Al_2TiO_5-TiO_2-SiO_2$ honeycomb ceramics by doping rare earth [J]. Journal of Rare Earths, 2007, 25 (4): 457-461.

[78] A. Azarniya, A. Azarniya, H. R. M. Hosseini, et al. Nanostructured aluminium titanate (Al_2TiO_5) particles and nanofibers: Synthesis and mechanism of microstructural evolution [J]. Materials Characterization, 2015, 103: 125-132.

[79] A. Azarniya, H. R. Madaah Hosseini. A new method for fabrication of in situ $Al/Al_3Ti-Al_2O_3$ nanocomposites based on thermal decomposition of nanostructured tialite [J]. Journal of Alloys and Compounds, 2015, 643: 64-73.

[80] A. Azarniya, H. R. M. Hosseini, M. Jafari, et al. Thermal decomposition of nanostructured Aluminum Titanate in an active Al matrix: A novel approach to fabrication of in situ $Al/Al_2O_3-Al_3Ti$ composites [J]. Materials & Design, 2015, 88: 932-941.

[81] A. Borrell, M. D. Salvador, V. G. Rocha, et al. EPD and spark plasma sintering of bimodal alumina/titania concentrated suspensions [J]. Journal of Alloys and Compounds, 2013, 577: 195-202.

[82] A. Borrell, M. D. Salvador, V. G. Rocha, et al. Enhanced properties of alumina-aluminium titanate composites obtained by spark plasma reaction-sintering of slip cast green bodies [J]. Composites Part B: Engineering, 2013, 47: 255-259.

[83] C. A. Botero, E. Jiménez-Piqué, C. Baudín, et al. Nanoindentation of Al_2O_3/Al_2TiO_5 composites: Small-scale mechanical properties of Al_2TiO_5 as reinforcement phase [J]. Journal of the European Ceramic Society, 2012, 32 (14): 3723-3731.

［84］ H. Chen, Q. Wu, T. Yang, et al. The influence of different titanium sources on flaky $\alpha-Al_2O_3$ prepared by molten salt synthesis ［J］. Ceramics International, 2015, 41 （9）: 12288-12294.

［85］ C. S, S. K. , S. S, A. C. R, et al. Flow boiling heat transfer enhancement on copper surface using Fe doped $Al_2O_3-TiO_2$ composite coatings ［J］. Applied Surface Science, 2015, 334: 102-109.

［86］ D. R. Driscoll, M. D. McIntyre, M. M. Welander, et al. Enhancement of high temperature metallic catalysts: Aluminum titanate in the nickel-zirconia system ［J］. Applied Catalysis A: General, 2016, 527: 36-44.

［87］ J. Fruhstorfer, S. Möhmel, M. Thalheim, et al. Microstructure and strength of fused high alumina materials with 2. 5wt% zirconia and 2. 5wt% titania additions for refractory applications ［J］. Ceramics International, 2015, 41 （9）: 10644-10653.

［88］ X. Guo, W. Zhu, X. Cai, et al. Preparation of monolithic aluminium titanate with well-defined macropores via a sol-gel process accompanied by phase separation ［J］. Materials & Design, 2015, 83: 314-319.

［89］ T. Hono, N. Inoue, M. Morimoto, et al. Reactive sintering and microstructure of uniform, openly porous Al_2TiO_5 ［J］. Journal of Asian Ceramic Societies, 2018, 1 （2）: 178-183.

［90］ A. Ito, S. Nishigaki, T. Goto. A feather-like structure of $\beta-Al_2TiO_5$ film prepared by laser chemical vapor deposition ［J］. Journal of the European Ceramic Society, 2015, 35 （7）: 2195-2199.

［91］ S. K. Jha, J. M. Lebrun, R. Raj. Phase transformation in the alumina-titania system during flash sintering experiments ［J］. Journal of the European Ceramic Society, 2016, 36 （3）: 733-739.

［92］ A. V. Knyazev, M. Mączka, I. V. Ladenkov, et al. Crystal structure, spectroscopy, and thermal expansion of compounds in $MI_2O-Al_2O_3-TiO_2$ system ［J］. Journal of Solid State Chemistry, 2012, 196: 110-118.

［93］ W. Li, S. Zheng, Q. Chen, et al. A new method for surface modification of TiO_2/Al_2O_3 nanocomposites with enhanced anti-friction properties ［J］. Materials Chemistry and Physics, 2012, 134 （1）: 38-42.

［94］ H. X. Li, R. G. Song, Z. G. Ji. Effects of nano-additive TiO_2 on performance of micro-arc oxidation coatings formed on 6063 aluminum alloy ［J］. Transactions of Nonferrous Metals Society of China, 2013, 23 （2）: 406-411.

［95］ J. Y. Lin, C. C. Hsu, H. P. Ho, et al. Sol-gel synthesis of aluminum doped lithium titanate anode material for lithium ion batteries ［J］. Electrochimica Acta, 2013, 87: 126-132.

［96］ S. M. Meybodi, H. Barzegar Bafrooei, T. Ebadzadeh, et al. Microstructure and mechanical properties of $Al_2O_3-20wt\% Al_2TiO_5$ composite prepared from alumina and titania nanopowders ［J］. Ceramics International, 2013, 39 （2）: 977-982.

［97］ T. Molina, M. Vicent, E. Sánchez, et al. Dispersion and reaction sintering of alumina-titania mixtures ［J］. Materials Research Bulletin, 2012, 47 （9）: 2469-2474.

[98] C. C. Palacio, H. Ageorges, F. Vargas, et al. Effect of the mechanical properties on drilling resistance of Al_2O_3–TiO_2 coatings manufactured by atmospheric plasma spraying [J]. Surface and Coatings Technology, 2013, 220: 144–148.

[99] N. Sarkar, J. G. Park, S. Mazumder, et al. Al_2TiO_5–mullite porous ceramics from particle stabilized wet foam [J]. Ceramics International, 2015, 41 (5): 6306–6311.

[100] G. Bruno, A. Efremov, B. Wheaton, et al. Micro–and macroscopic thermal expansion of stabilized aluminum titanate [J]. Journal of the European Ceramic Society, 2010, 30 (12): 2555–2562.

[101] S. Ananthakumar, M. Jayasankar, K. G. K. Warrier. Microstructure and high temperature deformation characteristics of sol–gel derived aluminium titanate–mullite composites [J]. Materials Chemistry and Physics, 2009, 117 (2–3): 359–364.

[102] Y. Yang, Y. Wang, W. Tian, et al. In situ porous alumina/aluminum titanate ceramic composite prepared by spark plasma sintering from nanostructured powders [J]. Scripta Materialia, 2009, 60 (7): 578–581.

[103] P. Manurung, I. M. Low, B. H. O'Connor, et al. Effect of β–spodumene on the phase development in an alumina/aluminium–titanate system [J]. Materials Research Bulletin, 2005, 40 (12): 2047–2055.

[104] S. Liu, W. Tao, J. Li, et al. Study on the formation process of Al_2O_3–TiO_2 composite powders [J]. Powder Technology, 2005, 155 (3): 187–192.

[105] S. Pratapa, K. Umaroh, E. Weddakarti. Microstructural and decomposition rate studies of periclase–added aluminum titanate–corundum functionally–graded materials [J]. Materials Letters, 2011, 65 (5): 854–856.

[106] C. Baudin, A. Sayir, M. H. Berger. Mechanical behaviour of directionally solidified alumina/aluminium titanate ceramics [J]. Acta Materialia, 2006, 54 (14): 3835–3841.

[107] L. Jiang, X. Y. Chen, G. M. Han, et al. Effect of additives on properties of aluminium titanate ceramics [J]. Transactions of Nonferrous Metals Society of China, 2011, 21 (7): 1574–1579.

[108] C. L. Yeh, J. Z. Lin, H. J. Wang. Formation of chromium borides by combustion synthesis involving borothermic and aluminothermic reduction of Cr_2O_3 [J]. Ceramics International, 2012, 38 (7): 5691–5697.

[109] M. H. Berger, A. Sayir. Directional solidification of Al_2O_3–Al_2TiO_5 system [J]. Journal of the European Ceramic Society, 2008, 28 (12): 2411–2419.

[110] J. Haidar, S. Gnanarajan, J. B. Dunlop. Direct production of alloys based on titanium aluminides [J]. Intermetallics, 2009, 17 (8): 651–656.

[111] Y. Wang, Y. Yang, Y. Zhao, et al. Sliding wear behaviors of in situ alumina/aluminum titanate ceramic composites [J]. Wear, 2009, 266 (11–12): 1051–1057.

[112] C. H. Chen, H. Awaji. Temperature dependence of mechanical properties of aluminum titanate ceramics [J]. Journal of the European Ceramic Society, 2007, 27 (1): 13–18.

[113] M. Sobhani, T. Ebadzadeh, M. R. Rahimipour. A comparison study on the R–curve behavior of

alumina/aluminum titanate composites prepared with different TiO_2 powders [J]. Theoretical and Applied Fracture Mechanics, 2016, 85: 159–163.

[114] J. Sure, A. R. Shankar, B. N. Upadhyay, et al. Microstructural characterization of plasma sprayed Al_2O_3–40wt. % TiO_2 coatings on high density graphite with different post-treatments [J]. Surface and Coatings Technology, 2012, 206 (23): 4741–4749.

[115] M. Tanaka, K. Kashiwagi, N. Kawashima, et al. Effect of grain boundary cracks on the corrosion behaviour of aluminium titanate ceramics in a molten aluminium alloy [J]. Corrosion Science, 2012, 54: 90–96.

[116] J. S. Tobin, A. J. Turinske, N. Stojilovic, et al. Temperature-induced changes in morphology and structure of TiO_2 – Al_2O_3 fibers [J]. Current Applied Physics, 2012, 12 (3): 919–923.

[117] M. Vicent, E. Bannier, R. Moreno, et al. Atmospheric plasma spraying coatings from alumina-titania feedstock comprising bimodal particle size distributions [J]. Journal of the European Ceramic Society, 2013, 33 (15–16): 3313–3324.

[118] M. Vicent, E. Bannier, P. Carpio, et al. Effect of the initial particle size distribution on the properties of suspension plasma sprayed Al_2O_3–TiO_2 coatings [J]. Surface and Coatings Technology, 2015, 268: 209–215.

[119] M. M. S. Wahsh, R. M. Khattab, M. F. Zawrah. Sintering and technological properties of alumina/zirconia/nano – TiO_2 ceramic composites [J]. Materials Research Bulletin, 2013, 48 (4): 1411–1414.

[120] D. S. Wuu, C. C. Lin, C. N. Chen, et al. Properties of double-layer Al_2O_3/TiO_2 antireflection coatings by liquid phase deposition [J]. Thin Solid Films, 2015, 584: 248–252.

[121] G. Xu, Y. Ma, G. Ruan, et al. Preparation of porous Al_2TiO_5 ceramics reinforced by in situ formation of mullite whiskers [J]. Materials & Design, 2013, 47: 57–60.

[122] G. Xu, Z. Chen, X. Zhang, et al. Preparation of porous Al_2TiO_5 – Mullite ceramic by starch consolidation casting and its corrosion resistance characterization [J]. Ceramics International, 2016, 42 (12): 14107–14112.

[123] B. Yan, M. Guo. Photoluminescent hybrid alumina and titania gels linked to rare earth complexes and polymer units through coordination bonds [J]. Inorganica Chimica Acta, 2013, 399: 160–165.

[124] Y. Yuan, J. Zhang, H. Li, et al. Simultaneous removal of SO_2, NO and mercury using TiO_2–aluminum silicate fiber by photocatalysis [J]. Chemical Engineering Journal, 2012, 192: 21–28.

[125] W. Zhang, X. Pei, J. Chen, et al. Effects of Al doping on properties of xAl–3%In–TiO_2 photocatalyst prepared by a sol–gel method [J]. Materials Science in Semiconductor Processing, 2015, 38: 24–30.

[126] G. Zhao, Y. Bai, L. Qiao. Aluminum titanate-calcium dialuminate composites with low thermal expansion and high strength [J]. Journal of Alloys and Compounds, 2016, 656: 1–4.

[127] K. Moritz, C. G. Aneziris. Enhancing the Thermal Shock Resistance of Alumina – Rich

Magnesium Aluminate Spinel Refractories by an Aluminum Titanate Phase [J]. Ceramics International, 2016, 42 (12): 14155-14160.

[128] Z. Shemin, S. Yuesong, W. Jialei, et al. Preparation and performance of Al_2TiO_5-TiO_2-SiO_2 Honeycomb Ceramics by Doping Rare Earth [J]. Journal of Rare Earths, 2007, 25 (4): 2007.

[129] Q. Zhang, Y. Fan, N. Xu. Effect of the surface properties on filtration performance of Al_2O_3-TiO_2 composite membrane [J]. Separation and Purification Technology, 2009, 66 (2): 306-312.

[130] S. Wu, H. Han, Q. Tai, et al. Improvement in dye-sensitized solar cells employing TiO_2 electrodes coated with Al_2O_3 by reactive direct current magnetron sputtering [J]. Journal of Power Sources, 2008, 182 (1): 119-123.

[131] S. Hua, D. Min, G. YunTao, et al. Preparation of composite TiO_2-Al_2O_3 supported nickel phosphide hydrotreating catalysts and catalytic activity for hydrodesulfurization of dibenzothiophene [J]. Fuel Processing Technology, 2012, 96: 228-236.

[132] H. Qi, Y. Fan, W. Xing, et al. Effect of TiO_2 doping on the characteristics of macroporous Al_2O_3/TiO_2 membrane supports [J]. Journal of the European Ceramic Society, 2010, 30 (6): 1317-1325.

[133] P. P. J., B. W. M. Grainsize evolution in ductile shear zones: Implications for strain localization and the strength of the lithosphere [J]. Journal of Structural Geology, 2011, 33 (4): 537-550.

[134] O. Teruaki, S. Yosuke, I. Masayuki, et al. Acoustic emission studies of low thermal expansion aluminum-titanate ceramics strengthened by compounding mullite [J]. Ceramics International, 2007, 33 (5): 879-882.

[135] I. M. Low, Z. Oo, B. H. O'Connor. Effect of atmospheres on the thermal stability of aluminium titanate [J]. Physica B, 2006, 385-386: 502-504.

[136] T. Korim. Effect of Mg^{2+}-and Fe^{3+}-ions on formation mechanism of aluminium titanate [J]. Ceramics International, 2009, 35 (4): 1671-1675.

[137] S. J. Kalita, V. Somani. Al_2TiO_5-Al_2O_3-TiO_2 nanocomposite: Structure, mechanical property and bioactivity studies [J]. Materials Research Bulletin, 2010, 45 (12): 1803-1810.

[138] M. J., A. S., M. P., et al. Al_2O_3@ TiO_2—A simple sol-gel strategy to the synthesis of low temperature sintered alumina-aluminium titanate composites through a core-shell approach [J]. Journal of Solid State Chemistry, 2008, 181 (10): 2748-2754.

[139] X. D., M. K., X. Y., et al. Enhanced capacitance performance of Al_2O_3-TiO_2 composite thin film via sol-gel using double chelators [J]. Journal Colloid Interface Science, 2015, 443: 170-176.

[140] S. Dong, S. Dong, D. Zhou, et al. Synthesis of Er^{3+}: Al_2O_3-doped and rutile-dominant TiO_2 composite with increased responsive wavelength range and enhanced photocatalytic performance under visible light irradiation [J]. Journal of Molecular Catalysis A, 2015, 407: 38-46.

[141] 周永生,张礼华,严云. 钙铝质原料对六铝酸钙多孔陶瓷性能的影响 [J]. 中国陶瓷, 2009, 45 (3): 53-55.

[142] 张礼华,周永生,严云. 烧结法合成六铝酸钙多孔陶瓷的研究 [J]. 非金属矿, 2009, 32 (5): 8-11.

[143] 王长宝,王玺堂,张保国. 浇注-烧结法合成六铝酸钙 [J]. 耐火材料, 2008, 42 (4): 264-266, 284.

[144] 易帅,王凡,童玲欣,等. 原料种类和合成温度对合成 CA_6 的影响 [J]. 耐火材料, 2010, 44 (1): 20-23.

[145] 李天清,李楠,卜源,等. 氧化铝原料对合成 CA_6 多孔骨料性能的影响 [J]. 工业炉, 2006, 28 (4): 43-46.

[146] 李天清,李楠,王锋刚,等. 工业氧化铝粒度分布对合成 CA_6 多孔材料的性能、相组成和显微结构的影响 [J]. 耐火材料, 2008, 42 (5): 334-336.

[147] 李胜,李友胜,韩兵强,等. 不同造孔剂对 CA_6-MA 多孔材料性能的影响 [J]. 硅酸盐通报, 2010, 29 (5): 1021-1025.

[148] 裴春秋,石干,徐建峰. 六铝酸钙新型隔热耐火材料的性能及应用 [J]. 工业炉, 2007, 29 (1): 45-49.

[149] 李有奇,李亚伟,金胜利,等. 六铝酸钙材料的合成及其显微结构研究 [J]. 耐火材料, 2004, 38 (5): 318-323.

[150] 孙庚辰,王守业,李建涛,等. 轻质隔热耐火材料—钙长石和六铝酸钙 [J]. 耐火材料, 2009, 43 (3): 225-229.

[151] 李天清,李楠,李友胜. 反应烧结法制备六铝酸钙多孔材料 [J]. 耐火材料, 2004, 38 (5): 309-311, 323.

[152] 李胜,李友胜,李鑫,等. 利用提钛尾渣制备六铝酸钙-镁铝尖晶石多孔材料 [J]. 耐火材料, 2010, 44 (2): 100-103.

[153] 武鹏,胡瑞生,沈岳年,等. 稀土六铝酸盐的结构及在高温催化材料中的应用 [J]. 稀土, 2003, 24 (3): 74-77.

[154] 曾春燕,刘艳改,徐友国,等. 保温时间对合成轻质耐高温六铝酸钙材料性能的影响 [J]. 人工晶体学报, 2013, 42 (6): 1199-1202, 1207.

[155] 石健,严云,胡志华. 二步法制备轻质六铝酸钙的研究 [J]. 非金属矿, 2016, 39 (4): 14-16.

[156] 孙小改,闫帅,李韦,等. 添加六铝酸钙颗粒对刚玉-尖晶石浇注料性能的影响 [J]. 耐火材料, 2015, 49 (5): 372-375.

[157] 王伟伟,刘丽,刘靖轩. 起始物料对 CA_6-MA 轻质骨料性能的影响 [J]. 耐火材料, 2015, 49 (4): 281-284.

[158] 李利平,严云,胡志华,等. 二步法低温制备六铝酸钙/镁铝尖晶石复相陶瓷 [J]. 硅酸盐学报, 2015, 43 (3): 304-310.

[159] Z. Guohua, C. Kuochih. Diffusion coefficient of calcium ion in $CaO-Al_2O_3-SiO_2$ Melts [J]. Journal of Iron and Steel Research, International, 2011, 18 (3): 13-16.

[160] Z. Weihong, C. Jinshu, Q. Jian, et al. Crystallization and properties of some $CaO-Al_2O_3-SiO_2$ system glass-ceramics with Y_2O_3 addtion [J]. Transaction of nonferrous matels society of China, 2006, 16 (supplement): 105-108.

[161] L. A. Díaz, R. Torrecillas. Phase development and high temperature deformation in high alumina refractory castables with dolomite additions [J]. Journal of the European Ceramic Society, 2007, 27 (1): 67-72.

[162] D. Müller, W. Gessner, A. Samoson, et al. Solid-state Al NMR studies on polycrystalline aluminates of the system $CaO-Al_2O_3$ [J]. Polyhedron, 1986, 5 (3): 779-785.

[163] A. Altay, C. B. Carter, P. Rulis, et al. Characterizing CA_2 and CA_6 using ELNES [J]. Journal of Solid State Chemistry, 2010, 183 (8): 1776-1784.

[164] J. Chandradass, D. S. Bae, K. H. Kim. Synthesis of calcium hexaluminate ($CaAl_{12}O_{19}$) via reverse micelle process [J]. Journal of Non-crystalline solids, 2009, 355 (48-49): 2429-2432.

[165] G. Costa, M. J. Ribeiro, W. Hajjaji, et al. Ni-doped hibonite ($CaAl_{12}O_{19}$): A new turquoise blue ceramic pigment [J]. Journal of the European Ceramic Society, 2009, 29 (13): 2671-2678.

[166] X. Chen, Y. Zhao, W. Huang, et al. Thermal aging behavior of plasma sprayed $LaMgAl_{11}O_{19}$ thermal barrier coating [J]. Journal of the European Ceramic Society, 2011, 31 (13): 2285-2294.

[167] C. Domínguez, R. Torrecillas. Influence of Fe^{3+} on sintering and microstructural evolution of reaction sintered calcium hexaluminate [J]. Journal of the European Ceramic Society, 1998, 18 (9): 1373-1379.

[168] M. Daraktchiev, R. Schaller, C. Domínguez, et al. High temperature mechanical spectroscopy and creep of calcium hexaluminate [J]. Materials Science & Engineering A, 2004, 370 (1-2): 199-203.

[169] A. J. Sánchez-Herencia, R. Moreno, C. Baudín. Fracture behaviour of alumina-calcium hexaluminate composites obtained by colloidal processing [J]. Journal of the European Ceramic Society, 2000, 20 (14-15): 2575-2583.

[170] C. Schmid, E. Lucchini, O. Sbaizero, et al. The synthesis of calcium or strontium hexaluminate added ZTA composite ceramics [J]. Journal of the European Ceramic Society, 1999, 19 (9): 1741-1746.

[171] C. Domínguez, J. Chevalier, R. Torrecillas, et al. Thermomechanical properties and fracture mechanism of calcium hexaluminate [J]. Journal of the European Ceramic Society, 2001, 21 (7): 907-917.

[172] C. Domínguez, J. Chevalier, R. Torrecillas, et al. Microstructure development in calcium hexaluminate [J]. Journal of the European Ceramic Society, 2001, 21 (3): 381-387.

[173] M. Singh, I. M. Low, D. Asmi. Depth profiling of a functionally graded alumina/calcium-hexaluminate composite using grazing incidence synchrotron-radiation diffraction [J]. Journal of the European Ceramic Society, 2002, 22 (16): 2877-2882.

[174] D. Asmi, I. M. Low. Infiltration and physical characteristics of functionally graded alumina/ calcium-hexaluminate composite [J]. Journal of Materials Processing Technology, 2001, 118 (1-3): 225-230.

[175] D. Asmi, I. M. Low, S. Kennedy, et al. Characteristics of a layered and graded alumina/calcium-hexaluminate composite [J]. Materials Letters, 1999, 40 (2): 96-102.

[176] W. Hajjaji, M. P. Seabra, J. A. Labrincha. Recycling of solid wastes in the synthesis fo Co-bearing calcium hexaluminate pigment [J]. Dyes and Pigments, 2009, 83 (3): 385-390.

[177] B. A. Vázquez, P. Pena, A. H. D. Aza, et al. Corrosion mechanism of polycrystalline corundum and calcium hexaluminate by calcium silicate slags [J]. Journal of the European Ceramic Society, 2009, 29 (8): 1347-1360.

[178] 陈冲, 陈海, 王俊. 六铝酸钙材料的合成、性能和应用 [J]. 硅酸盐通报, 2009, 28 (sup): 201-205.

[179] 刘艳改, 卫李贤, 房明浩. 六铝酸钙/镁铝尖晶石复相材料的制备及性能 [J]. 硅酸盐学报, 2010, 38 (10): 1944-1947.